개정2판

조리작업 활동공간의 효율적 활용

주방관리

윤수선 · 채현석 · 김정수 · 김창열 · 이윤호 공저

The Management of Cuisines in the Kitchen

$\mathscr{P}$reface

　급속한 국·내외적인 환경의 변화 속에서 고객의 기호도 역시 다양하게 변화하고 있는 현대의 사회 속에서 호텔이나 외식기업의 주방은 단순한 수익발생의 근원지이기 보다는 조리 종사원의 삶의 근원지이며 생활공간인 동시에 작업공간인 곳으로서 질 높은 수준의 복지시설과 경제적 부가가치를 창출할 수 있는 조리작업장의 공간이야말로 매우 중요한 공간이라 말할 수 있습니다.

　현대의 주방 개념은 과거와는 다르게 오픈형 주방이 많이 생기면서 이제는 고객과 매우 근접한 거리에 위치하며 고객과 항상 공감대를 이루는 시대가 다가오고, 주방에서 조리를 위해 움직이는 조리종사원이 호텔과 외식기업에서 관리의 주체가 됨과 동시에 조리작업 활동에 있어서 음식상품을 생산하는 기능적 시스템임을 감안한다면 피로나 스트레스를 덜 받을 수 있도록 적당한 선택과 적절한 움직임의 내용으로 주방기능 계획의 기초와 기본을 잡아야 하겠다고 말할 수 있습니다.

　또한 조리작업 활동공간의 효율적 활용으로 주방장비와 조리사가 어떻게 움직여야 하는지, 적절히 잘 구성된 운영시스템과 동선, 시설과 장비배치, 훈련된 조리사, 적절하게 준비된 식재료, 위생적인 설비 등으로 호텔과 외식조리분야에서 학문적, 이론적 배경을 뒷받침할 수 있도록 현장에서의 다년간 호텔 주방 실무 경험을 바탕으로 직접 활용할 수 있도록 주방관리의 실무처럼 심도 있게 다루었으며, 특히 주방의 개요를 시작으로 시설, 장비, 식재료의 보관에서 관리와 위생까지, 그리고 조리의 기초 조리법과 재료 손질에 이르기까지 실무에 직접 활용할 수 있도록 체계적으로 알기 쉽게 설명하였으며, 그리고 각 장의 마지막에는 '쉬어가기' 코너를 만들어 주방관리의 이론적 내용과 함께 현장에서 실무에 한발 더 나아갈 수 있는 상식과 더불어 알아두어야 할 내용을 포함하였습니다.

　본서에서는 이를 바탕으로 현장 경험이 부족한 조리전공 학생들과 현업에 종

사하고 있는 분들, 그리고 호텔기업이나 외식기업을 경영하고 있는 분들이나 중간관리자 및 창업을 준비하는 예비창업자와 조리분야에 관심이 있는 많은 분들에게 조금이나마 학문적으로 도움이 되었으면 하는 바람입니다.

또한 요리를 처음 시작할 때의 타오르는 열정을 항상 지켜나가시기를 바라는 마음이며, 책 중간에 삽입한 '솔개의 장수비결' 내용처럼 그 어떤 어려움과 힘든 일이 눈앞에 다가오더라도 고난과 역경을 이겨내는 멋진 조리인이 되시기를 바랍니다.

처음 책 원고를 준비하면서 열심히 좋은 책을 잘 쓰겠다는 마음이었지만 뒤돌아보면 후회가 남듯 저자 역시 마찬가지입니다. 책 내용에 있어서 여러 선생님들의 아낌없는 가르침과 조언을 겸허히 받아들이겠습니다.

끝으로, 책이 만들어지기까지 남다른 어려움이 있었지만 출판될 수 있도록 많은 도움을 주신 백산출판사 진욱상 사장님을 비롯한 편집이사님과 직원분들, 거영학원·송호학원 이사장님 이하 총장님, 주위의 교수님들, 호텔의 선배, 후배님들과 사랑하는 가족, 그리고 모든 분들께 진심으로 머리 숙여 깊은 감사를 드립니다.

저 자

$\mathcal{C}$ontents

제1장

주방의 개요와 조리업무

제1절 주방의 개요

1. 주방의 개요

1) 주방의 개념

현대의 주방은 음식을 차리거나 만드는 곳을 주방(廚房, Kitchen)이라고 부른다. 사전적인 의미로는 주방이란 "음식을 만들거나 차릴 때 쓰도록 정해놓은 방"으로 일정한 공간을 나타내는 명사이다. 순수한 우리말로는 '부엌, 정쟀간 또는 정짓간, 수랏간' 등이 있다. 부엌의 다른 이름인 정쟀간 또는 정짓간은 지역적으로 약간의 억양이 다르게 부르지만 의미는 같다고 볼 수 있다. 부엌은 솥을 걸고 불을 때어 음식물을 만들 수 있도록 만들어진 공간으로서 현대와 같이 영업을 목적으로 하는 식당이나 가정 모두 같은 의미로 사용되어왔다.

우리나라의 부엌은 음식을 만들고 저장하는 시설을 갖추고 있는 동시에 음식을 만들 때 사용되는 열을 이용하여 난방기능으로 방의 온도를 조절해 주고 있다. 이와 같이 부엌에서 음식을 만들면서 주거지의 난방을 담당하게 되는 것은 우리나라가 가지는 독특한 문화로서 불을 사용하면서부터 음식을 만들고 함께 불을 효과적으로 이용하려는 의도에서부터 시작되었다고 할 수 있다.

(1) 나라별 주방의 명칭과 개념

나 라	주방의 명칭과 개념
한 국	• 부엌 : 일반적으로 많이 통용되는 음식을 만드는 장소를 나타내는 용어로서 가정 또는 여관, 주막 등에서 음식을 준비하고 만드는 곳이다. • 수랏간 : 임금님에게 음식을 만들어 올리는 곳으로 상궁(尙宮)과 조부(調夫), 숙수(熟手)들에 의해서 음식을 만들거나 준비하는 곳이다. • 정짓간 : 부엌의 방언으로 경상도나 전라도 등에서 음식을 만들고 준비하는 곳인데, 특히 산을 타는 약초꾼인 심마니들 사이에서 방 한 켠에 마련된 음식 만드는 곳을 '정쟀간'이라 불렀다.
일 본	• 메이지유신 이전까지 일본 주방은 카마도(Kamado:tove)라 불렀다. 카마도의 의미는 영어로 스토브에 해당된다. 현대에 와서는 역시 음식을 준비하고 조리를 하는 곳으로 '다이도코로'라고 한다.

나　라	주방의 명칭과 개념
미국 및 유럽	• 『위키백과사전』에 키친(kitchen)의 정의를 "A kitchen is a room or part of a room used for cooking and food preparation." 즉 '음식을 준비하고 조리하는 공간'이라고 설명함으로써 현대 우리나라의 주방과 같은 의미로 사용하고 있다. • 중세 유럽의 주방은 크게 세 가지로 구분되는데, 첫째, 음식을 준비하는 공간, 둘째, 지붕과 연결되어 연기가 빠져나가는 굴뚝, 그리고 음식을 조리하면서 그 빛을 이용하여 방을 밝게 하는 곳이 연결되었다.

주방은 고객에게 제공되는 식음료 상품을 만드는 공간이며, 식음료 상품의 질을 결정한다. 또한 외식업소에서 고객에게 제공하는 상품 중 대부분의 유형적인 상품을 생산하는 공간으로서 주방은 외식업소의 상품에 결정적인 영향을 미치는 곳이다.

식당은 고객의 기대가치를 충족시켜서 고객에게 만족감을 주어야 한다. 식당에서 고객의 기대가치 중 가장 많은 부분을 충족시켜 줄 수 있는 곳이 음식상품을 생산하고 음식의 맛을 좌우하는 주방이다.

주방의 관리와 시설 및 기기류의 과학적인 운영관리는 식당경영의 필수적인 요건이며, 식당경영 성공의 열쇠이다. 주방은 조리책임자를 중심으로 식용이 가능한 재료를 위생적으로 조리기구나 장비를 이용하여 화학적, 물리적 및 기능적 방법을 가해, 손님에게 제공할 조리상품을 만들 수 있도록 각종 조리기구와 식재료의 저장시설을 준비한 장소라고 할 수 있다.

주방은 서비스 특성상 생산과 소비가 동시에 이루어질 수 있는 독특한 공간으로, 조리기능과 판매기능·서비스기능이 함께한다. 그래서 경영성과에 가장 중요한 역할을 하는 공간이다.

식당경영에서 주방이 차지하는 비중은 매우 크다. 주방의 효율적인 관리를 위해서 전문적인 경영기법을 적용하여 고객의 만족과 경영자의 만족, 그리고 종업원의 만족을 동시에 이룰 수 있어야 한다.

2) 주방 발전의 역사적 배경

(1) 고대시대의 주방

인류가 불을 발견하여 이용함으로써 음식을 익혀서 먹게 되었고, 이는 소화흡

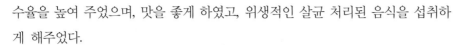

수율을 높여 주었으며, 맛을 좋게 하였고, 위생적인 살균 처리된 음식을 섭취하게 해주었다.

고대에는 가족이나 씨족들의 생존을 위해 음식을 만들었다. 고대 유적에서 B.C 10000년에 이미 덴마크에서 살던 종족과 오크니 섬에서 많은 사람들이 주방에서 조리와 식사를 함께 하였다는 외식산업의 증거가 발견되었고, B.C 5000년경 스위스 호수에 살던 사람들이 단체로 식사를 하였음도 기록에 남아있다.

고대 이집트의 무덤과 사원의 벽화를 통해 음식의 준비와 서비스가 존재하였음을 알 수 있으며, 중국에서도 여행자들이 여관에서 식사를 하였고, 파키스탄에서 발굴된 고대 모헨조다로 유적에서는 당시 사람들이 많은 양의 음식을 준비할 수 있는 석조 오븐과 식당과 같은 곳에서 음식을 만들고 먹었음을 나타내 주는 흔적이 발견되었다.

또한 구약성경에도 급식에 대한 기록이 많이 나타나 있고, 폼페이 유적의 레스토랑 주방에는 현재 사용 중인 것과 유사한 오븐이 사용되고 있었으며 다른 조리기구들도 많이 발견되었다.

(2) 중세시대의 주방

중세 암흑시대에는 극소수의 레스토랑들이 있었으며, 수도원을 중심으로 식당들이 나타나기 시작하였다. 르네상스 시대가 시작되면서 길드(Guilds)들이 대량으로 음식을 준비하여 판매하기 시작했다.

르네상스 시대에는 프랑스를 중심으로 많은 조리기술이 개발되었고 조리기구도 발전하였다. 나이프와 포크 및 스푼을 사용하게 된 시기이며 조리학교도 설립되었고 귀족을 중심으로 식문화가 발전하였다.

1800년대부터 1900년대 초반까지 '앙트완느 카렘'과 '오귀스트 에스꼬피에'가 식사 코스의 개념을 처음으로 도입하였으며, 프랑스 요리의 각종 소스를 개발함으로 요리 발전에 많은 기여를 하였다. 프랑스요리를 현대과학의 발전에 맞게 요리의 체계를 분류하고 간소화한 '에스꼬피에'는 조리사들의 주방 조직과 직무에 대한 분류도 처음으로 시도하였고 위생관리지침도 만들었다. 또한 주방 시스템의 창시자였으며 음식의 대량생산이 가능하게 만들었다.

(3) 현대적 의미의 주방 출현

중산계급 등 일반대중을 대상으로 하는 식당이 많이 생기면서 현대적 외식산업이 시작되었고, 넓은 시장을 기반으로 한 외식산업이 급속도로 발전하였다.

1600년경 프랑스에 최초의 카페가 출현한 것이 훗날 레스토랑의 시초가 되었고, 1760년 '몽블랑게'라는 카페에서 식사를 판매하기 시작하였고 레스토랑이라고 불리는 카페들이 많이 생겨나면서 현대적 레스토랑의 기원이 되었다.

미국의 발전과 더불어 호텔이 출현하였고, 호텔에서는 고급요리들을 판매하기 시작하여 외식산업을 주도해 나가기 시작했다. 호텔의 레스토랑이 유명해지면서 호텔의 식당들이 체인 상태로 호텔 밖으로 나왔고, 그것이 체인 레스토랑의 시초가 되었다.

20세기에 접어들면서 대중 레스토랑이 번성하였으며, 제2차 세계대전 이후 단체급식과 패스트푸드가 급성장하기 시작하였다. 싼 가격과 신속한 서비스로 패스트푸드는 대중에게 인기를 얻었고, 대량판매와 한정된 메뉴로 합리적이고 간편한 운영을 하였으며 주방 시스템도 효율성 강조와 대량생산으로 비용절감이 이루어졌다.

3) 주방기구의 발전

조리기구의 역사는 여러 사람들이 먹을 음식을 조리하기 위하여 조리기구들이 생겨나게 되었을 것이다. 처음에는 자연 상태에서 구할 수 있었던 기구들을 이용하여 음식을 익혀서 먹었다. 그 후 조금씩 사회가 발전하면서 질그릇을 이용하였고, 청동기와 철기시대를 거치며 금속류의 주방기구와 장비들이 만들어져서 대량으로 음식을 끓이거나 구울 수 있게 되었다.

석기시대에는 주로 돌이나 질그릇 등이 주방기구의 주를 이루었고, 철기시대는 철제석쇠와 무쇠 솥 및 번철 등 금속류의 주방기구들이 생겨났으며, 전기가 발견된 후로는 전기를 이용한 냉장고나 열기구 등이 생겨났다.

고대의 유적을 통하여 보면 주방기구들에 대한 발전과정을 엿볼 수 있다. 그 후 중세 암흑기를 거치고 산업혁명이 일어나면서 외식산업이 대량화되고, 조리용 기구와 장비가 눈부시게 발전하였다.

19세기 말에는 전기시설과 냉장기능 및 가스시설을 갖춘 현대식 주방이 등장하였다. 또한, 전기를 이용한 냉장·냉동 장비와 동력을 이용한 각종 장비와 열기구들이 등장하였다.

최근에는 다양한 형태의 조리기구와 장비들이 인체공학을 기초로 제작되고 있다. 조리기구와 장비의 발전과 아울러서 조리방법과 기술의 발전이 동시에 이루어지고 있다.

제2절 주방의 조리업무

'조리'라고 함은 일정한 기술을 가진 사람이 식재료에 필요한 향신료를 첨가한 후 식재료를 상품화 하는 것을 말한다.

조리의 목적은 식품을 조리함으로서 식품자체의 성분 및 형태의 변화를 일으키며 소화·흡수를 돕고 위생적으로도 안전하게 하는 데 있다.

현대에는 영양소의 절대 섭취보다는 건강식에 대한 배려를 중요시하고 있다. 또한 편이식이 갖는 영양상의 불균형이나 각종 첨가물에 대한 허용기준 등의 문제에 대한 관심이 과거와 비교해 고조되고 있다.

1) 인적자원관리

주방에 인적자원관리의 목표는 주방조직이 적절한 품질로 필요한 시간에 정확하게 만들 수 있는 목표를 달성하기 위해 필요로 하는 인적자원을 조달하고 유지시키는 데 있다. 주방조직의 인적자원관리는 주방 구성원의 수급 계획·배치·전환·통제 등과 같은 과정적 측면의 관리와 충원·유지·활용·개발 등 인적자원의 기능적 측면에 대한 관리도 필요하다.

2) 주방시설관리 업무

주방장비와 시설들을 관리하는 이유는 현재 생산하고 있는 상품의 원활한 작

업 수행을 위한 것과 기능을 유지하여 고객과 주방 종사원의 만족을 이루어내는 데 있다. 음식상품의 질을 결정하는 핵심적 요소로서의 특성을 지니고 있다.

3) 판매예측 업무

판매예측 업무는 조리사들의 근무일정이나 식자재 발주량 및 작업계획 등과 관련이 있다. 기초자료를 이용하여 예상 고객 수를 예측하여 소요 식자재의 구매를 의뢰하며, 작업계획 등을 세운다.

4) 생산 업무

생산 업무는 조리상품의 생산단계로서, 손님의 욕구에 합당한 상품 생산이 올바르게 진행되는지를 품질관리에 신경써야 한다. 음식이 완성되어 고객에게 서비스되기 전에 음식을 검사할 수 있는 시스템을 만들어서 품질관리에 노력해야 한다.

5) 사후관리 업무

사후관리는 조리상품을 생산하여 판매하는 과정을 통해 얻어낸 다양한 고객의 정보를 수집·활용하는 단계이다. 상품을 통한 손님의 욕구를 극대화하여야 하고, 요리가 신속하고 정확하게 전달되도록 해야 한다.

제3절 주방의 조직, 직무관리 및 직무분석

1. 주방 조직의 구성요건

주방 조직이란 요리의 생산, 식자재의 구매, 인력관리, 메뉴개발 등 요리상품과 주방운영에 관계되는 전반적인 업무를 효율적으로 수행하기 위한 일체의 인적구성을 의미한다.

주방 조직은 다품종 소량 주문생산을 하기 위해서 유연성이 있어야 하며, 서비스 상황 변화나 고객의 변화에 적절히 대처하기 위하여 조정성이 있어야 한다. 또한 효율성 증대를 위하여 단순성이 있어야 하며, 종사원 이동의 효율성, 위생관리와 관리의 용이성, 공간 활용의 효율성 등이 고려되어야 한다.

2. 주방 조직의 구조 설정

① 주방의 구조 설정을 위해서는 직무기술과 직무분석이 선행되어야 하며, 이를 기초로 조직구조가 설계되었다.
② 주방 조직은 특성상 복합적 조직 구조를 원칙으로 하여야 하지만, 주방 조직의 규모, 서비스형태, 조직 목표 등 조직 특성을 고려하여 단순 조직과 복합 조직을 절충한 조직 구조도 고려할 만하다.
③ 주방 조직 인적자원 관리 시스템 : 주방 조직시스템의 하위 시스템으로 물적자원 시스템, 정보자원 시스템, 재무적 자원 시스템 등 주방 조직의 다른 하위 시스템과 상호관계를 가진다.

3. 직급별 업무 내용

(1) 총주방장(Executive chef)

조리부의 가장 높은 직책이며, 조리부를 대표하는 총책임자로 기업의 이익을 극대화해야하는 중요한 임무를 맡고 있다. 식재료 구매의 결정과 결재, 메뉴의 개발과 원가관리 및 품질관리, 직원의 인사관리와 그에 따른 노동비 산출 등 조리부의 업무와 시설에 관련된 모든 부분을 전반적으로 지휘·감독한다.

(2) 부총주방장(Executive sous chef)

총주방장 부재 시 그 역할을 대행하며 메뉴의 개발 및 정보 수집, 직원의 업무 배치와 교육 등 주방 운영에 관련된 실질적인 책임을 진다.

(3) 단위 주방장(Sous chef)

세분화되어 있는 단위 업장의 책임자로 소속 주방에서 생산되는 메뉴관리와 개발, 고객 접대, 인력관리, 업무분담과 안전 관리 및 조리 기술 교육 등을 수행하고 스케줄 등을 관리하며 이와 관련된 상황을 서면으로 작성해서 관련자들에게 보고한다.

(4) 수석 조리장(Chef de partie)

단위 주방장으로부터 지시를 받아 자신이 맡은 파트에 대한 전반적인 관리를 한다. 주로 조리사들이 음식을 조리하는 과정과 조리된 음식의 질과 상태 등을 점검하고, 필요 식재료에 대한 문서를 작성하고 신청한다.

(5) 부조리장(Demi chef de partie)

직접 조리에 참여하며 위생과 안전 상태 등을 체크해 수석 조리장에게 보고하고 수석 조리장의 업무를 익히고 배우는 단계이다.

(6) 1급 조리사(1st cook)

조리를 실제 가장 많이 하는 조리사로 조리 기술과 주방업무 능력이 뛰어나다. 주방 내 모든 제반사항에 관한 1차 보고자로 실제 식재료소비량을 예측하여 메뉴계획을 세우고 식재료를 신청한다.

(7) 2급 조리사(2st cook)

부조리장과 1급 조리사의 지시에 따라 업무를 수행하는 조리사로 기능상 실무 능력이 풍부하여 조리의 중요한 부분에 기술을 발휘하며 주방 내 업무에 필요한 제반사항을 미리 준비한다.

(8) 3급 조리사(3st cook)

식자재 수령, 가종재료의 손질과 비교적 단순한 조리 작업을 하는 조리사로 다양한 조리 기술과 업무 능력을 습득하기 위한 훈련을 반복해야 한다.

(9) 조리 보조사(Cook helper, Apprentice)

주방에서 청소와 냉장고 정리 그리고 식재료의 1차적 손질 및 준비과정을 수행하는 조리사로 인턴사원에 속한다. 주방업무에 관한 기본적인 사항과 조리 기술을 배우고 관련지식을 체계적으로 익혀야 한다.

(10) 조리 실습생(Trainee)

조리를 배우고 있는 학생들이 상급 조리사들로부터 기초적인 조리 실무를 배우는 단계로 기초적인 업무에 대해 정확히 배우고 기본기를 익혀야 한다.

(11) 기물 관리(Stewerd)

주방이나 식당에서 사용하는 기물류를 담당하며, 각종 주방용기와 식기류의 구매의뢰 및 재고관리와 세척관리를 한다.

호텔 주방의 조직체계

4. 주방의 직무관리

1) 주방경영

① 모든 종사원은 자기의 직무에 따라서 업무에 대한 책임이 있다.

② 모든 업무시설이나 비품에 이르기까지 책임자가 필요하다.

③ 주방에서 일어나는 모든 일을 통제할 수 있는 방법이 있어야 한다.

④ 모든 업무, 즉 조리법과 계획표의 규정 및 기타 방침들은 문서화되어 있어야 하며 이를 모든 구성원들이 알고 있어야 한다.

⑤ 모든 종사원은 업무를 수행하기 전에 반드시 교육을 받아야 한다.

⑥ 주방장의 주요업무는 종사원의 교육·개발·통제를 통하여 표준 시스템을 항상 유지하는 것이다.

⑦ 주방장은 일정간격으로 고객의 입장에서 업무를 파악하여야 한다.

⑧ 생산은 사전계획을 통하여 통제되어야 한다.

⑨ 생산과 서비스는 식당을 청결히 할 수 있는 능력에 맞게 이루어져야 한다.

⑩ 완전한 위생상태에서 음식을 공급함으로서 고객의 건강을 보호해야 한다.

⑪ 표준 시스템을 유지하면서 얼마나 많은 고객을 접대할 수 있는가에 대해 관심을 가져야 한다.

⑫ 구매된 모든 재료는 가능한 모두 고객에게 판매되도록 노력해야 한다.

2) 주방관리

관리는 집단 속에서 함께 일하는 개인들이 정해진 목표를 효율적으로 달성할 수 있도록 환경을 조성하고 유지해 나가는 과정이다.

(1) 계획화

구성원들이 그들의 목적과 목표를 비롯하여 지켜야 할 일 등을 알 수 있게 하는 것은 중요하다.

(2) 조직화

목표를 달성하기 위한 필요한 모든 업무가 계획되고 그런 업무가 잘 수행될

수 있도록 적합하게 할당하는 것이다.

(3) 인원의 충원과 배치

인건비의 비중을 줄이기 위하여 정식직원과 임시직원을 함께 채용하기도 하고, 인원의 배치는 적재적소 배치와 순환배치 관리가 기본이다.

(4) 지 휘

지휘는 동기부여를 비롯하여 리더십의 형태와 접근방법 그리고 커뮤니케이션 등을 포함한다.

(5) 통 제

통제는 부하의 활동을 측정하고 수정하는 것으로, 목표와 계획에 대한 성과를 측정, 수정한다.

3) 직무설계

직무는 조직과 개인의 요구를 충족시킬 수 있도록 설계되어야 한다. 직무배분과 작업일정은 종업원들이 실제분담하고 있는 직무를 알아서 직무배분표를 작성하고, 작업일정표는 관리자와 조리사들 간에 의사소통의 수단이 된다.

5. 주방의 직무분석

직무분석은 직무의 내용을 분석함으로서 어떤 요건이 필요한가를 조사하는 과정이다. 직무분석의 목적으로는 직무의 설계와 평가의 기초를 마련하기 위함이다. 직무분석 결과를 바탕으로 직무기술서와 직무명세서를 작성한다.

(1) 직무분석의 목적

직무분석은 분화된 조직의 직무를 효율적으로 수행하기 위해 직무의 내용을 분석함으로서 직무와 구성원 간의 상관관계를 파악하고 어떤 요건이 필요한가

를 조사하는 과정이다.

직무분석은 조직의 역할을 기술하기 위한 선행 절차로서의 의미도 지니고 있으므로 조직의 성격과 특성 파악을 위해서도 필요한 절차이다.

또한, 직무 설계와 평가의 기초를 마련하기 위한 것이라 할 수 있으며 직무분석은 구체적으로 직무평가의 기초자료를 제공하고, 개별 직무에 대한 책임과 권한을 명확하게 한다. 그리고 구성원 개인에 대한 자료제공하며, 구성원의 교육훈련의 기초자료 및 인사 관리상의 자료를 제공하고, 사무 및 업무 시스템적 접근은 인적관리자원에 있어서 거시적 통합적 시각을 제공할 뿐만 아니라 인적자원 관리요소 간의 구조적 기능적 관계를 밝혀 줌으로서 인적자원관리 시스템을 가능하게 한다.

(2) 직무분석 방법

직무분석 방법은 직무분석의 목적, 직무의 성질, 분석의 가능성 등 다양하므로 주방 조직의 특성에 맞는 방법을 선택하여야 한다.

조직의 직무분석에 이용되는 방법은 면접 방식, 질문서 방식, 종합적 방식이 있으며, 이러한 방법은 각각의 호텔 주방 특성에 맞게 선정 관리하여야 한다.

(3) 리더십의 5대 조건
① 솔선수범
② 공명정대
③ 방침명료
④ 미래지향적 자세
⑤ 신상필벌

뛰어난 리더십 없이 주방장이 직무를 완수하는 것은 불가능하다. 왜냐하면 주방장은 부하를 통하여 직무를 완수하기 때문이다. 또한 주방장은 권위가 있고, 타인에게 존경을 받으며 신뢰받는 것이 조건이다.

주방장은 부하를 이끌어 원가율의 안정과 상품관리를 철저히 행한다. 리더십은 집단을 리드해 나가는 사람에게 필요한 요인이나, 리더십은 결코 권위를 행사

하여 발휘되는 것이 아니다. 점포운영에 있어서는 전문적인 지식과 경험이 풍부한 사람만이 부하를 통솔할 수가 있다.

진실한 리더십은 인품과 지식이 겸비되어야 확립된다. 그 사람이 말하는 대로 일을 진행해가면 확실히 예정된 대로의 결과가 나온다는 실적이 무엇보다도 중요하다. 그런 실적이 그 사람에게 권력을 주고 신뢰를 얻게 한다. 또한 리더십은 모두 결과만으로 이루어진 것은 아니다. 인간성도 아주 중요한 것이다. 서비스 정신과 배려, 따뜻한 마음이 리더에게 요구된다. 리더십을 확립하기 위해서는 오랜 세월의 실적이 필요하다. 일에 대한 몇 가지 성공의 실증이 리더로서의 지위를 견고하게 하는 것이다.

리더십을 진실로 갖기 위해서는 오랫동안 쌓아올리는 노력이 필요하다. 리더십은 연공이나 연령으로 얻어지는 것이 아니고 경험의 축적으로 얻어지는 것이다.

제4절 조리에 대한 이해

1. 조리의 개요

인류의 역사가 시작되면서 인간은 생존을 위해 음식을 먹어야 했으며, 그로 인해 자연에서 얻을 수 있는 먹이, 즉 식재료를 통한 식문화는 자연스럽게 형성되고 또한 발전을 하게 되었다.

식문화는 지역에서 생산되는 식재료뿐만 아니라 기후, 문화, 종교 등에 의해서도 매우 큰 영향을 받는다. 그러나 식문화 발전에 무엇보다 큰 역할을 한 것은 과학 문명의 발달로 인한 다양한 조리기구와 조리법의 발전이라고 할 수 있다.

조리를 한다는 것은 일정한 방법이 정해진 것이 아니라, 오랜 기간 동안 전문가들의 경험과 연구에 의해 이상적인 방법에 도달한 것이 많으며, 또한 구전에 의한 방법을 그대로 전수받아 익힌 기술을 가치 있는 상품으로 승화시켜 조리기술로 숙달된 것들도 있다.

최근에는 경제 성장과 식문화 전승 기술의 발달로 조리의 형태와 방법이 다양

하게 변화하고 있으며 특히 물리적, 화학적인 방법으로 음식을 만드는 과정에서 미각, 시각, 영양학적으로 질적인 상품의 가치를 높이는데 주력을 높이고 있다. 또한 최근에는 건강에 대한 관심이 높아지면서 건강식과 균형적 영양 공급을 위한 영양식의 조리방법을 고려한 창의적인 연구도 중요시되고 있다.

2. 조리기술의 의의

조리를 한다는 것은 식품 자체의 성분과 형태를 변화시켜 미각적, 시각적 효과를 불러일으키고 위생적, 영양적으로도 안전하게 해주는 것을 말한다.

조리기술은 훌륭한 음식을 만들어내기 위한 기술로서 경제성과 용도에 맞는 식재료의 구매부터 적당한 조리법의 선택을 통한 음식 생산과정을 거쳐, 고객에게 제공하는 판매서비스까지 주방에 관련한 업무 전체를 포함한다.

조리기술의 궁극적인 목적은 합리적이고 과학적인 조리업무 기술을 통해 음식의 가치를 극대화시켜 결국 고객의 욕구를 최대로 충족시켜 주기 위해서이다.

3. 조리의 목적

조리의 목적은 식품의 성분, 조직, 물성 등에 변화를 주어 인간이 먹을 수 있도록 만드는 것이다. 그러므로 조리된 음식은 영양가, 기호성, 안전성을 만족시킬 수 있어야 한다. 음식을 조리하여 익히면 인체 내에서 쉽게 소화되고, 소화력이 높아지면 영양소의 흡수력도 증가되어 영양가가 높아지는 효과를 얻을 수 있다. 또, 식품은 시간이 지나면 산화효소나 효소의 영향으로 식품성분 간의 화학 반응이나 조직이 물러지는 등이 변화를 보이지만, 조리를 하면 효소가 파괴되어 식품의 저장성을 높일 수도 있다.

① 식품이 지니고 있는 영양, 맛, 향 등의 성분을 그대로 유지하도록 한다.
② 음식에 들어가는 서로 다른 식품과 조합하여 맛을 증진시키고 소화 흡수를 돕는다.
③ 식품을 위생적으로 취급하여 안전하게 한다.

④ 조리과정에서 식품에 열을 가하여 조직을 연하게 한다.

⑤ 시각적으로 보기 좋고, 미각적으로 맛있게 한다.

⑥ 과학적인 조리방법으로 영양 공급의 효과를 높인다.

 ## 제5절 조리사와 조리직종

1. 조리사 입문

1) 조리사라는 직업은 무엇인가?

조리사는 영양 있는 식재료를 가지고 사람들이 먹을 수 있도록 다양하게 만들 줄 아는 사람을 말한다. 조리는 음식을 다루는 직업 가운데 가장 오래된 작업 중 하나로서 조리사는 성실하고 열심히 노력하는 사람이어야 한다. 조리사는 도덕적이고 실용적인 일종의 만족감을 얻을 수 있는 유망한 직종이다.

2) 조리사라는 직업은 당신의 적성에 맞는가?

(1) 건 강

• 건강한 폐 : 조리사에게 필수적이다.

• 건강한 위 : 여러 가지 피로에 관계하는 기관이다.

• 미각과 후각 : 충분히 발달되어야 한다.

• 저항력 : 피로를 견딜 능력이 있어야 한다.

(2) 능 력

• 그림 : 매우 소질이 있어야 한다.

• 외국어 : 전문 조리사가 되려면 전문 조리용어와 더불어 글로벌화, 한식 세계화를 위해서는 이제 영어는 선택이 아닌 필수요소가 되고 있다. 더불어 추가로 제2외국어까지 공부한다면 한층 더 나아갈 수 있는 계기가 될 것이다.

(3) 관심사

- 작업에 대한 의욕 : 지루하고 싫더라도 행할 수 있는지의 빠른 판단력 필요하다.
  - 좋은 것을 구별할 줄 알아야 한다.
    - *ex* 식도락가의 기질과 포도주의 맛을 감별할 줄 아는 미각(맛 감정에 필요)
  - 아름답게 식탁을 꾸밀 줄 알아야 한다.
    - *ex* 접시들이 잘 배치되어 있는가? (시각적인 효과를 위해 필요) : 푸드코디네이터 과정

2. 조리인의 기본자세

조리사는 단지 식품을 가지고 요리를 만들어내는 일만 하는 것은 아니라, 사회적으로 큰 영향을 미치는 매우 중요한 직업이다.

개인적인 성공을 위해 성실함과 꾸준히 공부하는 학습성, 그리고 본인을 다스릴 수 있는 절제성을 길러야 한다. 또한 동료들 간에 업무에 협동하는 협동성도 요구되며 조리 직업의 특징상 국민 건강에 끼치는 영향이 매우 크므로 위생에 대한 책임감과 요리를 보다 아름답게 표현할 수 있는 예술성도 발휘할 수 있어야 한다. 이외에 조리인으로서의 책임감 본인의 건강관리도 중요하다.

① 항상 바른 자세와 청결한 몸가짐을 가진다.
② 위생관념이 투철해야 하므로 조리장의 청결함에 주의하여 정리정돈 청소에 주의를 기울인다.
③ 마음과 정성을 다한 음식상품을 만든다.
④ 철저한 시간관념과 연구심으로 조리사로서 의식을 높이며 스스로 전문가로서의 노력을 다한다.
⑤ 새로운 것을 창조하는 기쁨을 가지고 고객을 만족시킬 수 있는 조리 및 서비스에 최선을 다한다.
⑥ 예술적인 감각으로 고객에게 기쁨을 주는 것이 조리사의 기쁨인 것이다.
⑦ 직업인으로서 긍지와 미래비전을 가지고 있으며, 직장에서는 선배 지시에

따르고, 동료와는 서로 배려와 협동의 마음을 가진다.

⑧ 근무시간에는 공과 사의 구분을 명확히 하고, 사적인 일은 삼가며 자신의 양심에 부끄럽지 않은 태도를 한다.

⑨ 유니폼의 흰색은 나의 마음이며 음식점의 간판으로 상징하며 기억한다.

⑩ 항상 조리사로서 자부심을 가지고 사회에 임하고 사회인으로서 사회에 공헌한다.

3. 실습생의 기본업무

1) 실습생의 기본

(1) 근무환경

① 작업은 질서와 청결 속에서 신속하게 한다.

② 주방에서는 잡담하지 않는다,

③ 주방에서는 금연한다.

④ 주방의 열기와 소음에도 익숙해져야 한다.

(2) 규 칙

① 선배의 말에 순종해야 한다.

② 총주방장은 필요한 일에 조언, 기본사항은 설명하고, 잘 할 수 있도록 도와줄 것이다.

③ 생생한 경험을 할 수 있으며, 배우고 이해하기 위해서는 주방의 규칙에 순응해야 한다.

(3) 인간관계

① 책임자 : 공손한 예의로써 그를 선배로 대우하고, 조언이 필요시 도와줄 수 있는 사람이다.

② 동료 : 일상 언어에 대해 주의를 기울이는 것이 매우 중요하다. 또한 좋은 관계를 유지하고 정확히 말하며 자신을 주의시키면서 틀린 말은 항상 수정해야 한다.

③ 다른 종업원 : 예의와 다듬어진 태도로써 좋은 유대관계를 가져야 한다. 또한 바쁜 순간에도 사려 깊게 행동해서 정확하게 행동한다.

(4) 조리에 관한 이론 습득

① 조리에 관한 지식 : 조리의 역사와 발전에 관한 이론 습득

② 실무 시에 신체와 위생복 관리, 음식의 위생관념에 대한 이론 습득

③ 설비와 집기, 작업장소와 배치 등에 관한 이론 습득

④ 식재료에 대한 이해

⑤ 전문용어와 어휘 습득

⑥ 조리기술의 습득

⑦ 모든 영역에서의 이해를 넓혀야 한다.

⑧ 조리사에 대한 학습과 주방의 작업구조에 대한 학습을 꾸준히 하여야 한다.

⑨ 조리자격증 취득을 위한 이론 습득

⑩ 외국어 : 영어·불어 기본, 제2외국어 선택

2) 실습생의 태도

(1) 준수사항

• 시간엄수 : 시간은 항상 엄수, 지각, 결석 절대 금지

• 인사성 : 처음 마주치는 선배에 대한 예의로 인사를 잘한다.

• 복종 : 지성과 부드러운 성품

• 참여 : 조직 내의 단체생활에 참여

• 공손함 : 상사와 호텔 모든 이에게 공손

• 친절 : 주방, 식당, 개인생활 모두 친절의 생활화

• 청결 : 의복과 신체는 항상 깨끗

• 존중 : 사람들·조언·사상 등을 존중

• 자아성취 : 자신의 자아 성취와 향상을 위한 것

(2) 기본자세

• 주방에서 나오는 모든 것이 고객을 만족시키도록 한다.

• 주방에 대해서 자신이 만족할 수 있도록 한다.

3) 실습생의 청소업무

(1) 청소하는 실습생의 자세

청소는 여러 가지 질병을 예방하는 기본 방법이며, 사람이 생활하는 곳이면 어느 곳이나 행해져야 한다.

• 주방 내 시설이나 조리기구의 청소가 이루어져야 한다.
• 바닥에 떨어진 쓰레기를 줍는 것을 습관화해야 한다.
• 시설이나 기구가 항상 청결하게 유지→기능을 오래 유지될 수 있도록 청소한다.

(2) 청소범위

• 작업대 : 각 주방 작업 테이블, 식재료 보관
• 장비 : 주방 대기물, 중기물, 소기물 등
• 장소 : 바닥, 벽, 문, 타일
• 주방장이 규정하는 것에 따라 책임 범위를 제한

(3) 청소도구와 세제종류 및 사용방법

• 청소도구 종류
 - 빗자루, 쓰레받이, 자루걸레, 행주, 타월, 수세미(철, 천), 밤솔, 철 브러시 등이 있다.
• 세제 종류
 - 물비누 : 비누 20%, 온수 80%로 희석해서 사용해야 한다.
 - 오븐크리너 : 철이나 스테인리스 기구에만 사용(알루미늄 용기 사용 금함)하여야 하며 찌든 기름때 등을 닦을 때 사용한다. 또한 사용시 고무장갑을 착용하고 피부나 눈에 들어가지 않도록 주의해야 한다. 원액으로 사용하기도 하지만 물과 혼합해서 사용하기도 한다.

－락스 : 독특한 냄새 = 수돗물의 냄새와 같다. 사용 시 고무장갑을 착용하고 물 3 ℓ 에 락스 원액 100㎖ 정도로 희석해서 사용해야 한다.

4. 주방조직의 특징

주방조직의 특성을 한마디로 말한다면 관계요소(Relationship)가 매우 강하게 작용하며 군대식, 즉 라인조직의 특성을 가지고 있다. 주방조직의 특성은 동양과 서양이 크게 다르지 않다. 실제 조리는 제조업의 특성과 서비스업의 특성을 모두 포함하고 있는데, 제조업의 경우 생산시스템에 의해서 고객과 접촉의 빈도가 높다. 이러한 특성은 조리사 조직이 실제 생산업무를 담당하면서도 서비스업 특성을 강하게 나타내는 것이다. 조리사 조직과 교육훈련의 모델로서 에스코피에(Escoffier) 훈련을 강조하게 되는데, 에스코피에는 요리를 생산하는데 있어서 군대와 같은 절도와 조직적 생활을 강조하면서도 고객의 마음과 욕구를 읽지 못하면 생산된 상품의 가치를 상실하게 된다는 점을 중요시하여 조리사들의 사회적 활동을 적극적으로 지지하였다.

현대에 와서 조리매니저(Chef Manager) 직무가 발생한 것도 이와 무관하지 않다. 이제 서비스 접점이 주방과 영업공간의 개념을 넘어서고 있다. 이렇게 조리에 있어 조직 효과성은 인력 핵심으로 이동하고 있음을 알 수 있다. 따라서 현대 조리사 조직의 개념은 단순하게 조리를 통한 메뉴생산에 머물러 있어서는 안 된다. 급속하게 변화하는 조리환경에 적합한 업무기술의 재훈련은 물론이고 일관성 있는 조리기술과 접합된 서비스를 재훈련을 통해 새로운 조리사로 거듭나야 한다.

5. 조리사의 등급별 응시자격 검정기준

1) 조리기능사

조리기능사는 응시자격에 제한이 없으며, 응시하고자 하는 종목에 관한 숙련 기능을 가지고 제작, 제조, 조작, 채취, 검사 또는 직업관리 및 이에 관련되는 업무를 수행할 수 있는 능력을 가진 자이면 누구나 자격에 도전할 수 있다. 자격종목으로는 한식, 양식, 일식, 중식, 복어, 제과, 제빵, 조주 등이 있다.

2) 조리산업기사

응시하고자 하는 종목에 관한 기술 기초이론 지식 또는 숙련기능을 바탕으로 복합적인 기능업무를 수행할 수 있는 능력이 있는 자이다.

- 조리기능사의 자격을 취득한 후 응시하고자 하는 종목의 동일 직무분야에서 1년 이상 실무에 종사한 자
- 다른 종목의 산업기사 자격을 취득한 자
- 전문대학 졸업자나 졸업예정인 자
- 응시하고자 하는 종목이 속하는 동일 직무분야에서 2년 이상 실무에 종사한 자

자격종목으로는 한식, 양식, 중식, 일식, 복어 등이 있다.

3) 조리기능장

응시하고자 하는 종목에 관한 최상급 숙련기능을 가지고 산업현장에서 작업 관리, 소속기능인력의 지도 및 감독, 현장훈련, 경영계층과 생산계층을 유기적으로 연계시켜 주는 현장관리 등의 업무를 수행할 수 있는 능력의 유무를 가진 자이다.

① 국가기술자격법 시행령에서 응시하고자 하는 종목이 속하는 동일 직무분야의 산업기사 또는 기능사의 자격을 취득한 후 기능대학법에 의하여 설립된 기능대학의 기능장 과정을 이수한 자 또는 그 과정의 이수예정자
② 산업기사의 자격을 취득한 후 동일 직무분야에서 6년 이상 실무에 종사한 자
③ 기능사의 자격을 취득한 후 응시하고자 하는 종목이 속하는 동일 직무분야에서 8년 이상 실무에 종사한 자
④ 응시하고자 하는 종목이 속하는 동일 직무분야에서 11년 이상 실무에 종사한 자
⑤ 외국에서 동일한 등급 및 종목에 해당하는 자격을 취득한 자

자격 종목으로는 조리기능장과 제과기능장이 있다.

상식코너
요리(料理)와 조리(調理)의 차이를 아시는가?

'요리(料理)와 조리(調理)'의 차이를 정확하게 규명하기 위해서는 우선 사전적인 의미부터 되새겨 볼 필요가 있다. 그 내용을 살펴보면 다음과 같다.

1. 料理(英, dish, cooking)

요리(料理)의 어의(語義)는 계량기 등으로 계측(計測)하는 것이 중심개념으로 되어 있다. 중국의 고서(古書)에는 약품(藥品) 분량의 의미로 요리(料理)라는 말이 쓰였다고 한다. 그러던 것이 현재는 식품의 조리조작(調理操作)을 통해 먹을 수 있는 형태로 만든 식물(食物)을 의미하게 된 것이다. 요리(料理)와 거의 비슷한 뜻으로 쓰이고도 있는데, 조작하는 것을 의미하는 요리(料理)보다 넓은 의미로 사용되고 있다.

2. 調理(英, cooking)

調는 '갖추다, 마련하다, 준비하다'. 理는 '다스리다, 바르게 되다, 좋아지다'. 즉 조리(調理)의 의미는 '갖추거나 준비하여 다스려 좋아진다'라고 할 수 있다. 식품의 종류에 따라 조리조작(調理操作)을 가하여 식물(食物)이 되게 하는 것, 즉 그 과정이라고 말할 수 있다.

식품에는 여러 가지 특성이 있어 그 특성에 따라 조리(調理)방법을 달리할 필요가 있다. 또한, 식품에는 단독으로 영양소(營養素)를 골고루 함유하고 있는 것이 그리 많지 않다. 그렇기 때문에 각종의 수많은 식품을 잘 조합하여 조리(調理)를 하면 영양가(營養價)를 높일 수 있다. 더욱이 잃기 쉬운 비타민류, 미네랄 등의 손실을 방지하는 등 영양적인 면의 고려(考慮)와 적절한 취급(取扱)이 요구된다. 이와 더불어 맛과 모양 면에서도 같이 어우러져야 한다.

이상에서 요리(料理)와 조리(調理)의 뜻을 살펴본 바와 같이, 요리(料理)는 계측과 조작을 통하여 만들어진, 식물(食物) 그 자체를 의미하고, 조리(調理)는 그 의미가 비슷하나 식품의 맛과 멋과 영양효과를 위한 구체적, 전문적인 조작과정에 그 의미를 더하고 있음을 알 수 있다.

결국, 광범한 요리(料理)의 의미에 조리(調理)의 의미가 포함되어 있다고 할 수도 있지만, 과정에서의 방법론적인 깊은 뜻이 내포되어 있다고 볼 수 있는 것이다.

그럼 이제 요리(料理)와 조리(調理)의 개념이 이해되었으니, 여기에 '사(師)'를 한 번 붙여서 요리사(料理師)와 조리사(調理師)의 개념을 살펴보도록 하자.

앞에 살펴본 요리(料理)와 조리(調理)의 의미에 덧붙여, 그것을 하는 사람이라는 뜻으로서 요리사와 조리사의 뜻을 유추해 볼 수 있을 것이다. 그래서 요리사(料理師)라고 하면 요리(料理)를 하는 사람, 즉 단순히 '식재료를 계량, 조작하여 음식을 만드는 사람'이라고 할 수 있으며, 조리사(調理師)라고 하면 조리(調理)를 하는 사람, 다시 말하면 '식재료를 성질에 따라 잘 손질하여 음식에서 맛과 영양, 그리고 아름다움을 창조(創造)해 내는 사람'이라고 표현할 수 있을 것이다. 여기에서 우리는 크나 큰 차이를 발견할 수 있다.

요리사(料理師)는 식재료를 계량하여 분량대로 섞어서 요리를 만드는 사람이라 할 수 있으며, 조리사는 음식에 있어 맛과 멋과 영양을 조화 있게 만들어내는 사람이라고 할 수 있는 것이다.

결론적으로 이야기해서, 요리사는 우리의 생활에서 있어 의(衣), 식(食), 주(住)의 문제 중에서 단지 식(食) 문제만을 해결해 주는 해결사(?)라고 할 수 있고, 조리사(調理師)는 한층 더 높은 수준에서 맛과 영양의 균형은 물론이고 음식에 아름다움을 창조하여 인간의 미적인 욕구까지 충족시켜 줄 수 있는 과학자요, 예술가라고 할 수 있는 것이다. 끊임없이 노력하여 우리가 함께 도달하여야 하는 목표는 요리사가 아니고, 다름 아닌, 바로 이러한 조리사(調理師)인 것이다.

출처 세계조리연구회

제2장

주방의 분류 및 구성

제1절 주방의 분류

1. 형태에 따른 분류

1) 기본형 주방

소규모의 주방형태로 메뉴수도 적고 생산공정이 간단한 식당에 적합한 형태이다. 구매된 식재료의 전 공정이 동일한 장소에서 이루어지는 주방 형태로, 오염구역과 비오염구역의 구분이 어렵고 조리업무를 세분화하여 분업하기가 어렵다. 능률이나 효율성 및 기술축적 등에 어려움이 있는 주방형태로 소규모의 레스토랑에 적합한 형태이다.

2) 편의형 주방

기본형 주방형태보다 더 간편한 주방으로, 간이형 주방형태이다. 완전 혹은 반 가공된 식재료를 사용하는 주방으로, 간이형 저장공간과 마무리 업무공간만 있는 소규모 간이형 주방에 적합한 주방형태이다.

3) 혼합형 주방

전문화되어 연속적으로 작업이 이루어지는 곳에 적합한 주방형태이다. 혼합형 주방은 작업 전처리 공간, 세척 공간, 저장 공간, 조리완성 공간으로 구분한다. 보통 오염구역과 비오염구역으로 구분하며, 오염구역은 저장 공간·작업 전처리 공간·세척 공간으로 구분하고, 비오염구역은 간이 저장시설과 조리완성 공간 및 서비스 공간으로 구분한다. 전통적인 주방형태로 생산과 판매가 한 곳에서 이루어지며 비용을 최소화할 수 있다. 하지만 음식생산에 필요한 각종 설비나 주방 장비를 구입해야 하므로 투자비가 많이 들며, 주방 장비의 이용률이 비효율적인 것이 단점이다.

4) 분리형 주방

메인 주방(Main kitchen) 혹은 중심지원 주방(Centeral kitchen)이라고도 불리며 기초적인 준비작업 혹은 반제품, 완제품의 생산하는 조리업무를 수행하는 주방 공간과 마무리 조리업무를 하는 공간이 분리된 형태의 주방이다.

각 부분별 조리공정이 고도로 전문화되었으며 업무가 기능적으로 구분되어 있다. 따라서 기능적으로 유사한 공정을 동일공간에 배열함으로써 대량생산에 적합한 주방형태이다. 오염구역과 비오염구역을 확실히 구분할 수 있다. 이는 체인 레스토랑의 모체 주방이나 대형 호텔의 메인 주방 등 대규모 주방에 적합한 형태이다.

2. 기능에 따른 주방의 분류

1) 지원 주방(Support kitchen)

중심지원 주방은 대형 호텔이나 외식, 체인 레스토랑의 단위 영업장에서 필요한 식자재를 생산하여 공급하는 주방이다. 일반적으로 서양식 조리부분에서 채택하고 있는 주방의 조직 형태로, 동일부분에 여러 개의 주방을 가지고 있으며, 기초적인 준비작업과 반제품 혹은 완제품을 생산한다. 즉 지원주방은 메인 주방과 같이 각 영업 주방에서 음식을 효과적으로 생산할 수 있도록 기본적인 준비과정을 담당한다. 더운 요리 주방(hot kitchen), 찬 요리 주방(garde-manger), 육류 가공 주방(butcher kitchen), 제과·제빵 주방(pastry and bakery kitchen), 기물세척 주방(steward kitchen), 얼음 조각실(ice carving room)이 지원주방의 업무를 수행한다.

중심지원 주방 설치의 장점은 다음과 같다.

- 효율적인 생산관리가 가능하다.
- 전문화, 표준화, 품질관리가 용이하다.
- 비용절감이 용이하다.
- 신규 메뉴개발이 용이하다.
- 분업화로 인건비가 절감된다.
- 대량구입으로 식재료비가 절감된다.

(1) 더운 요리 주방(Hot kitchen)

더운 요리 주방은 음식을 만드는 과정에서 열을 가하여 만드는 음식을 생산하는 주방을 말한다. 즉 프로덕션(production)의 기능으로서 많은 양의 소스와 수프를 생산하여 각 주방으로 지원하는 업무를 수행한다.

더운 요리 주방에서 전문적으로 대량 생산하게 되면, 각각의 주방에서 개별적으로 생산하는 것보다는 시간과 공간, 재료의 낭비를 줄일 수 있고 무엇보다 일정한 맛을 항상 유지할 수 있는 장점이 있다.

더운 요리 주방의 주요 업무로는 육수(stock), 소스(sauce), 수프(soup), 더운 채소(hot vegetable) 등을 조리하여 각 영업 주방에 지원하는 역할을 한다.

체인 레스토랑의 본 주방에서는 중심 지원 주방을 운영하지만, 호텔 등에서는 메인 주방 기능과 연회 주방 기능들을 동시에 사용하는 곳이 많다.

(2) 찬 요리 주방(Garde-Manger)

찬 요리 주방이란 최종적으로 완성한 음식의 형태가 차갑게 제공되는 음식을 만드는 주방을 말한다. 그러나 음식을 만드는 과정은 열을 가하지 않는 형태로 완성하는 것과 열을 가하여 조리한 다음 차가운 형태로 완성하는 두 가지가 있다.

찬 요리로 만든 음식은 일반적으로 색과 모양을 중요시하며, 그릇에 담아 낼 때에도 음식의 아름다움을 최대한 표현할 수 있도록 해야 한다. 또한 찬 음식 중에는 살균되지 않은 음식도 많으므로, 찬 요리 주방에서 조리한 음식은 신선함과 위생적인 면도 중요시하여야 한다.

찬 요리 주방에서는 차가운 전채(cold appetizer)류, 냉육(cold cut)류, 테린(terrine)류, 샌드위치(sandwich)류, 과일(fruit)류, 샐러드(salad)류와 각종 소스(sauce)류, 드레싱(cold dressing)을 만들어낸다.

(3) 육류 가공 주방(Butcher kitchen)

육류 가공 주방은 주요리와 생선 요리를 비롯하여 육류, 가금류, 해산물 등을 손질하여 필요한 업장으로 지원해 주는 역할을 담당한다.

육류 가공 주방의 주요 업무는 각종 육류, 가금류, 해산물 가공과 햄(ham) 또는 소시지(sausage) 등을 주로 만들며 작업과정의 안전 관리에 더욱 신경을 써야 한

다. 햄이나 소시지 및 훈제 제품을 만들고 부위별 모양과 중량 및 형태별 크기를 조절하거나 적당량씩 재단한다. 특히, 냉동 제품 및 뼈가 부착된 육류를 전 처리할 때 절단기를 사용하는데, 세심한 안전관리가 필요하다.

육류가공 주방은 양질의 재료를 비축하야 하고, 숙성에도 약 1개월 정도의 기간이 필요하기 때문에 대형 냉장, 냉동저장고가 필요하다.

요즘의 추세는 호텔 등에서 인건비와 기타 제반 여건상의 이유로 육류가공 주방(Butcher kitchen)의 기능을 축소하거나 식자재를 외부로부터 구입을 하는 경우가 많아지고 있다.

(4) 제과·제빵 주방(pastry and bakery kitchen)

제과·제빵 주방은 지원 주방으로서 독립된 시설과 규모 및 기능을 갖추고, 각 주방에서 필요한 디저트(dessert)를 만들어 제공한다. 이외에도 연회 행사를 위하여 케이크(cake)류, 빵(bread)류, 파이(pie)류 등의 디저트를 만들어 제공하는 역할도 한다.

제빵은 밀가루(강력분)와 이스트 혹은 버터 등을 사용하여 빵을 만들며, 숙성을 거쳐서 뜨거운 상태에서 제품이 생산되므로 주방 온도가 제과보다 조금 더 높게 유지되어야 한다. 제과는 아름다운 장식을 위한 섬세한 작업이 많으며, 크림 같은 종류는 주방의 온도가 높으면 안 되기 때문에 주방의 온도가 제빵 주방보다 낮아야 한다.

2) 영업 주방(Business kitchen)

영업 주방은 지원 주방에서 준비한 식재료를 이용하여, 고객의 주문에 맞추어 직접 음식을 만들어내는 주방으로서 최고의 메뉴를 완성하는 역할을 담당한다. 저장시설은 간이 냉장, 냉동고와 소형 창고가 있어야 하고 영업장 특성에 적합한 기본적인 조리시설을 갖추어야 한다.

(1) 연회 주방(Banquet kitchen)

연회 주방은 연회 행사에 필요한 다양한 음식을 생산하고 최종 관리하는 주방으로서, 지원 주방과 전문 식당 주방의 지원을 받아 연회 행사의 메뉴에 알맞게

음식을 제공한다. 즉 더운 요리는 연회 주방에서 직접 조리하고, 찬 요리와 디저트, 제과·제빵류는 지원 주방의 도움을 받기도 한다.

음식을 조리하기에 앞서 예약된 메뉴 및 예약 인원, 행사 기간 등을 사전에 세심하게 점검하여야 한다.

(2) 뷔페 주방(Buffet kitchen)

뷔페는 식당에 차려진 모든 음식을 고정된 가격을 지불하고 마음껏 이용하는 오픈 뷔페를 비롯하여 사전 예약을 통하여 인원, 시간, 메뉴의 종류, 음식의 양, 가격 등을 정하여 이용하는 클로즈드 뷔페, 클로즈트 뷔페와 유사한 약식 스타일의 콤팩트 뷔페 등 영업 방식별로 구분한다.

뷔페 주방 조리사는 손님과 직접 접촉할 기회가 많으므로 항상 청결함을 유지하고, 다양한 음식에 대한 전문 지식을 갖추어 고객들로 하여금 식당 이용에 만족을 줄 수 있도록 한다.

(3) 커피숍 주방(Coffee shop kitchen)

커피숍은 자주 이용하는 단골 고객이 많은데, 이들에게 신선한 분위기를 만들기 위하여 항상 심혈을 기울여야 한다. 커피숍 주방 조리사의 경우, 고객의 욕구에 맞추어 주기적으로 특색 있는 음식을 개발하여 제공하도록 노력해야 한다.

커피숍 주방 근무자에게는 전문식당 근무자의 꼼꼼하고 섬세한 업무 형태와는 달리 식사를 빠른 시간에 제공해 줄 수 있는 날렵한 행동과 단정한 용모가 요구된다.

3) 업장별 분류

(1) 양식당

양식당은 가장 발달된 형태의 주방구조를 가지고 있다. 대체로 분업화되어 있고 대형화된 곳이나 체인 레스토랑 등은 중심지원 주방을 가지고 있으며 메뉴별 표준량 목표가 잘되어 있고 단순화, 표준화, 전문화가 비교적 잘되어 있다.

① 프랑스식 식당 : 프랑스 요리는 이탈리아의 '매디치' 가문에서 유래되었다

고 알려져 있다. 프랑스 요리의 특징은 다양한 소스에서 비롯되며 와인과 리큐르, 버터, 생크림을 많이 사용하여 농후한 맛이 난다. 대부분의 소스는 즉석에서 만들어진다.

② 이탈리아식 식당 : 남부지방에서는 해산물과 파스타 요리가 발달하였다. 토마토 소스와 포도주, 마늘, 다양한 종류의 치즈와 올리브유를 많이 사용하는 한편, 북부지방에서는 버터와 생크림을 많이 사용한다. 피자의 원산지는 나폴리이며, 치즈가 많이 들어간 리조또도 유명한 음식 중의 한 가지다. 이태리 요리는 주 요리로 취급되는 것보다는 각 코스의 요리가 독립성이 강하다. 가장 유명한 파스타 요리는 코스요리 중 두 번째이지만, 지금은 단독 메뉴로 사람들에게 사랑을 받고 있다.

③ 미국식 식당 : 대게 빵과 곡물, 고기와 계란, 낙농식품, 과일 및 야채 등의 재료를 이용하여 간편하고 고칼로리이며 많은 양의 요리를 만드는 것이 특징이다. 보통 간소한 메뉴와 경제적인 재료로 영양위주의 실질적인 식단을 구성하고 있다.

(2) 한식당

한국 전통음식점 주방으로 교자상, 반상, 일품요리, 계절별 특선요리 등으로 나뉘며, 한식요리는 식재료, 주방기구, 화력, 양념 등의 네 가지 요소를 중요하게 여기며, 유교의 영향을 받아서 독상 중심이다. 곡물조리법과 탕음식이 발달하였고, 한국요리는 국물요리와 손맛에 있으므로 아주 소량의 양념으로도 맛이 변화한다.

한국요리의 구체적인 특징을 살펴보면 다음과 같다.

① 주식과 부식이 분리되어 발달하였다.
② 곡물조리법이 발달하였다.
③ 음식의 간을 중요하게 여긴다.
④ 조미료, 향신료의 사용이 섬세하다.
⑤ 발효음식이 많다.
⑥ 자극적이고 강한 양념을 많이 사용한다.
⑦ 음식을 처음부터 상에 차려서 내온다.

⑧ 유교의례를 중히 여기는 상차림이 발달하였다.

⑨ 아침식사를 중하게 여겼다.

최근에는 표준화된 주방구조와 메뉴가 많은 사람들에 의해 시도되고 있다. 아직 주방구조도 대부분이 기본형 구조 혹은 혼합형 구조로 되어 있다. 그러나 국내 한식당의 외식업체(놀부, 늘봄 등)들이 분리형 주방구조를 가지고 성공리에 영업 중이다.

(3) 중식당

중국요리를 지역적으로 크게 분류하면 북경요리, 남경요리, 광동요리, 사천요리 등이 있다. 색체 배합보다는 미각의 만족에 초점을 두고 단맛, 짠맛, 신맛, 매운맛, 쓴맛의 배합이 조화를 이룬다. 동·식물의 유지방을 잘 사용하고 높은 온도에 단시간 처리하는 조리방법을 많이 사용한다. 중국요리의 특성은 다음과 같다.

① 다양한 식재료를 사용한다.

② 맛의 배합이 복잡하고 다양하다.

③ 조리법이 다양하다.

④ 대체로 기름을 많이 사용한다.

⑤ 조미료와 향신료의 종류가 많다.

⑥ 접시에 많은 양의 음식을 화려하게 담는다.

⑦ 조리용 기구가 간단하고 사용법도 단순하다.

중식 주방은 중국요리의 다양성에 비해 조리용 기구는 그 수가 대단히 적고 사용법도 단순한 것이 특징이다. 그래서 중식 주방은 간편하게 꾸며져 있는 편이다.

강한 화력과 다량의 기름 사용으로 유증기가 많이 발생하므로 벽이나 천장 및 후드 등을 자주 세척하여 화재를 예방해야 한다. 또한 강한 화력 때문에 물기 제거에도 노력해야 하며, 위생적인 주방환경을 조성할 수 있도록 구성한다.

중국요리는 크게 4대 요리로 구분한다.

- 북경요리 : 일명 '징차이'라고도 하며, 고급요리가 발달하여 육류를 중심으로 강한 화력을 이용해 짧은 시간에 조리하는 튀김요리와 볶음요리가 특징이다.
- 남경요리 : 남경요리는 남징, 상하이, 쑤조우, 양조우 등의 요리를 총칭하는데 상하이 요리라고도 한다. 남경요리 중 서양 사람의 입맛에 맞게 변형된 요리가 유명한데 지방의 특산물인 장유를 이용한 달콤하고 기름기가 많은 요리가 발달하였으며, 요리의 색상이 진하고 화려한 조리방법이 특징이다.
- 광동요리 : 광동요리는 흔히 '난차이'라고 한다. 서양요리 재료와 조미료를 광동의 특이한 요리에 접목시켜 독특한 맛을 이룬 것이 특징이다. 광동요리의 재료는 상어지느러미, 제비둥지, 사슴 뿔, 곰의 발바닥 등의 특수 재료에서 뱀의 뼈, 고양이, 개, 원숭이의 뇌수에 이르기까지 다양하다.
- 사천요리 : 마늘, 파, 고추 등을 넣어 만드는 매운 요리가 많아서 대부분 신맛과 매운맛, 그리고 톡 쏘는 자극적인 맛과 향기가 요리의 기본을 이루고 있다. 대표적인 사천요리는 마파두부나 새우 칠리소스 등이 유명하다.

(4) 일식당

일본요리는 색과 요리의 맛을 중요하게 여긴다. 그리고 가능한 조미료를 사용하지 않고 재료가 가지고 있는 맛을 최대한 살리며 계절에 적절한 재료를 사용한다. 일식 주방은 몇 개의 구역으로 나누어서 음식을 조리한다.

① 초밥 카운터 : 고객과 대화하면서 음식을 제공하는 공간이다. 청결한 위생, 정성어린 배려와 서비스, 신선한 음식, 즐거운 분위기 등을 제공해야 한다.
② 익힘요리 담당 코너 : 뜨거운 요리를 담당하는 곳으로, 조림요리와 냄비요리를 끓여 내며, 튀김요리를 만들고, 각종 구이를 요리하는 공간이다.
③ 칼판 : 생선회, 초회 등을 만들고 야채 등을 다듬는 공간이며, 수족관을 관리하기도 한다.
④ 담기 담당 코너 : 전채요리를 만들고 각종 샐러드를 담당한다. 구이 요리와 도시락 등 완성된 요리를 접시에 담아서 제공한다.
⑤ 철판구이 코너 : 고객을 직접 접대하면서 두꺼운 철판 앞에서 요리를 제공하는 코너이다.

(5) 카페테리아 식당(Cafeteria)

음식을 차려놓으면 고객이 요금을 지불하고 직접 음식을 선택하여 먹는 식당이다. 자유로운 흐름의 카페테리아는 속이 빈 사각형의 형태를 연상하면 된다. 뜨겁고 차가운 음식을 구별해 놓은 카운터들이 보통 세 개의 벽을 따라 배치되어 있고, 네 번째 면은 줄을 서고 빠져 나가기 위해 문으로 열려져 V자 모양으로 음식이 정렬되어 있다. 카운터는 90도로 위치해 있거나 각이 엇갈린 사다리꼴이나 톱니 같은 정렬로 이루어져 있다.

포크, 나이프, 냅킨, 무료제공 음식 등은 가능한 한 기다리는 시간을 줄이기 위해서 캐셔(cashier)가 위치해 있는 건너편에 비치하는 것이 좋다. 그리고 다수의 고객들이 식사비용을 동시에 지불할 수 있도록 카운터를 여러 개 만들기도 한다.

(6) 단체급식 식당

단체급식의 방향은 단체에 소속된 사람들에게 음식 서비스를 통하여 달성하고자 하는 단체의 목표에 의해 결정된다. 음식은 일반의 주방과 동일하게 각각의 파트별로 나누어서 생산하게 된다. 단체급식은 생산과 서비스 사이에 시간적 차이가 있으며, 대부분의 음식들은 배식시간 동안 대량으로 서비스 라인에서 적정한 상태로 보존된다.

① 전통적 급식체계 : 직영시스템의 단일 주방형태에서 많이 쓰는 시스템이다. 식품을 구매하고 조리하는 과정부터 배식까지 한 장소에서 이루어지며, 생산과 소비가 동일한 장소에서 이루어지는 재래식 급식 형태의 주방이다.

② 중앙 공급식 급식체계 : 분리형 주방을 운영하며, 중심지원 주방에서 음식을 생산하여 여러 급식소로 분배해 주는 생산체계를 갖는 주방시스템이다.

③ 예비 저장식 급식체계 : 제품을 냉장, 냉동하여 일정기간 동안 저장한 후, 필요한 시기에 간단한 재가열을 통해 음식을 제공하는 시스템이다. 생산과 소비가 분리되므로 주방설비 운영과 조리인력 운영을 효율적으로 할 수 있다.

④ 조합식 급식체계 : 식품제조 가공업체로부터 제품화된 편의식품을 구입하여 제공하는 방식으로, 간단한 주방설비로도 운영이 가능한 시스템이다.

(7) 연회 식당

연회 주방의 형태는 단체급식 주방과 비슷한 구조를 가지고 있다. 대량 생산을 위해서 주방은 일자 배열되어 있으며, 주방 기기류나 공간구성은 대량생산이 가능하도록 갖추어져 있다.

호텔에서 지원 주방과 영업 주방의 종류와 특징

구 분	지원 주방(Support Kitchen)	영업 주방(Bussiness Kitchen)
특 징	메인 주방과 같이 각 영업 주방에서 음식을 효과적으로 생산할 수 있도록 기본적인 준비과정을 담당하며 기초적인 준비작업과 반제품 혹은 완제품을 생산한다.	지원주방에서 준비한 식재료를 이용하여 고객의 주문에 맞추어 직접 음식을 만들어내는 주방으로서 최고의 메뉴를 완성하는 역할을 담당한다.
종 류	· 더운요리주방(Hot kitchen) · 찬요리주방(Cold kitchen, Gardemanger) · 육류가공주방(Butcher kitchen) · 제과, 제빵주방((Pastry and bakery kitchen) · 얼음조각실(Ice carving room)	· 연회주방(Banquet kitchen) · 뷔페주방(Buffet kitchen) · 커피숍주방(Coffee shop kitchen) · 한식주방(Korean kitchen) · 양식주방(Western kitchen) · 일식주방(Japanese kitchen) · 중식주방(Chinese kitchen) · 이태리주방(Italean kitchen) · 룸서비스주방(Room service kitchen) · 카페테리아주방(Cafeteria kitchen)

 제2절 주방의 구성

1. 주방의 구성

주방의 모든 업무가 가장 효과적으로 진행되고 원활을 위한 기본이 되는 것이 바로 주방의 위치와 규모에 대한 설계이다. 조리 업무량의 파악을 기초로 필요한 기구와 재료를 사용하여 주방 업무를 효율적으로 수행할 수 있는 것은 주로 조리기구 및 장비에 대한 배치와 전체 영업의 성격상 주어지는 주방의 규모이다.

식당의 영역 문제는 좌석수와 밀접한 관계를 갖는다. 그러므로 주방 면적을 비롯한 좌석 이외의 필요 면적은 되도록 낭비되지 않아야 하고, 남은 공간은 좌석에 포함시켜야 하는 것이 면적 배분의 원칙이다. 실제 조리 공간도 이런 원칙 하에서 이루어져야 하며, 홀과 주방의 면적 배분은 홀 3 대 주방 1의 비율로 구성되는 것이 바람직하다.

주방 면적은 가장 활동적이고 필요 정도가 명확하다는 점에서 면적 배분의 기초가 된다. 필요 정도가 확실하다는 것은 필요로 하는 주방 설비와 조리작업의 순수하게 기능적인 조건에 따라 정해지기 때문이다. 그리고 주방의 소요 면적은 주로 조리기구와 식기의 수납, 선반 등 주방 설비의 설치 면적과 조리사의 작업을 위한 공간 면적으로 이루어진다.

또한 요리의 내용과 양에 따라 필요한 조리기구의 종류와 수량이 결정되고 그에 따른 소요면적이 구해진다. 식기의 수납 면적 또한 마찬가지이다.

작업용 바닥 면적은 그 장소를 이용하는 사람들의 수에 따라 달라진다. 그러나 작업을 위한 바닥 면적에서 기구나 선반에 쉽게 손이 닿는 거리를 생각하면 필요 이상의 면적은 오히려 피해야 한다.

주방의 주어진 형태나 그 여건에 따라 달리 계획되어야 한다. 또한 주어진 전체 주방의 면적을 배분할 때는 각 주방이 필요로 하는 각기의 정도와 조리에 요구되는 시간과 인원수에 따라 증가하지만 메인 주방이나 베이커리 등으로부터 많은 양의 음식을 지원받는 주방은 면적을 줄일 수 있다.

1) 설비의 구성

주방 시설은 식품 조리과정의 다양한 작업을 합리적으로 수행하기 위한 여러 가지 조건에 따라서 고도로 특수화된 기기로 음식을 조리하며 그에 따른 시설과 기기의 종류는 매우 복잡하고 다양하다. 또한 주방시설 설비는 인간을 대상으로 하는 공학이며, 고객에게는 안락한 분위기와 제공되는 요리를 최선의 상태로 보존하는 것을 목적으로 하며 음식을 최대한으로 즐길 수 있도록 해야 한다.

(1) 작업시간

주방 안에서 조리가 원활하게 만들어지지 못하는 큰 원인은 곳곳에서 발생하

는 '조리과정의 정체' 때문이다. 이 조리의 정체로 인해 주방의 각 작업이 비효율적이 되고, 전체의 작업에 낭비가 많아 시간이 필요 이상으로 많이 소요된다.

이처럼 정체가 발생해서 요리를 만드는 시간이 오래 걸리는 원인은 각 작업에 대한 시간 계획을 하지 않고 경험에 의존하기 때문이다. 그래서 조리과정과 관계된 주방의 작업시간을 측정해서 표준시간을 확립하고, 확립한 표준시간을 이용해서 정체가 적게 되도록 시간계획을 작성하여야 한다.

(2) 위 생

과학적인 시설물의 배치와 설비의 선택은 위생을 크게 향상시킬 수 있다. 즉 조리구역, 기물세척구역, 접시세척구역으로 분리하여야 하며, 기물세척구역은 가능한 한 고성능 세척기를 설치하고, 접시세척구역에도 자동식기 세척기를 설치함은 물론 세척된 기물의 보관에도 적합한 장비를 설치하여 위생적으로 보관할 수 있도록 해야 한다.

(3) 주방의 바닥과 벽

주방의 바닥은 유지 관리가 편하고 내구성이 뛰어나며, 미끄러지지 않고 무공해인 것이 좋다. 주방의 바닥과 벽면은 항상 물기가 있고, 식재료를 주방바닥에 쌓아놓기도 하기 때문에 청소가 용이해야 하며, 기름과 수분을 직접 흡수하지 않아야 한다. 그러므로 바닥 전체는 방수처리가 되어 있어야 하며, 배수를 원활히 하기 위하여 약 1/2인치 가량 배수관 쪽으로 경사가 져야 물청소에 문제가 없다. 바닥의 배수관은 물이 빨리 빠지도록 설치되어야 한다.

또한 미끄럼방지를 위하여 식재료의 반입구, 냉장·냉동고의 바닥과 주방의 바닥은 턱이 없이 일정하게 시설되어야 한다.

(4) 주방의 천정

주방의 천청은 전기기구와 배선이 있고 주방의 열기 등으로부터 많은 열과 수증기, 유증기 등이 올라오므로 기름과 수증기에 강한 재료를 사용해야 한다. 또한 화재의 위험성이 높은 관계로 내열성과 내습성이 강한 소재를 사용해야 한다.

(5) 환기(ventilation)시설

주방은 많은 열을 사용하므로 산소의 필요량이 높으며, 조리시에 나오는 냄새로 인한 조리사의 건강이나 음식물의 변질을 방지하기 위하여 환기장치가 잘 되어 있어야 한다. 그러므로 음식 서비스의 환기 시스템은 주방과 식당에 신선한 공기를 공급하며, 적합한 공기 온도와 습도를 유지하고 효과적으로 모든 냄새와 습기 기름의 증기를 빼내어 식당에 스며들지 않도록 한다.

① 후드의 크기 : 막힌 벽면을 끼고 기구를 감싸는 후드 형태는 기름을 함유한 뜨거운 공기를 대량으로 빨아들일 수 있다. 그러나 사면이 모두 개방된 형태인 아일랜드형 후드는 공기를 효과적으로 포획하기 위하여 배출용량보다 30~50% 더 큰 환기시스템을 필요로 한다.

② 기름입자 포획 : 필터가 기름입자를 효과적으로 포집하려면 조리기기 위에 설치되어야 하나, 이런 경우에는 화재의 위험성이 높아지므로 근래에 나오는 필터는 기름을 함유한 공기가 급속하게 방향을 전환하면서 표면 위로 기름입자가 빠져나오도록 설계되었다.

③ 급기시스템

• 후드 내부로 공기방출 : 후드 내부로 직접 들어오는 공기량은 배출량의 40~60% 정도로 제한적이며, 겨울에 보충되는 찬 공기와 기기에서 발생하는 습기가 많은 뜨거운 공기와 만나서 후드 아래에 많은 응축수를 만들 수 있다.

• 후드 전면을 따라 공기방출 : 후드의 앞면을 따라 닥트와 레지스터를 위치하게 하는 방법으로 후드 앞면과 아래 방향으로 공기를 방출하기 때문에 급기는 작업자의 머리와 어깨 위로 불게 된다.

• 분리된 레지스터에서 공기방출 : 천장에 레지스터를 설치하는 방법으로 보충공기의 최소요건은 급기시스템 자체 설계와 배출되는 공기의 배기량에 따라 달라진다.

제3절 주방 공간의 분석

주방 공간은 먼저 검수 후 저장할 수 있는 구역이 필요하고, 그 다음에 채소와 육류의 전처리 구역을 확보한다. 세척구역과 준비 주방, 완성 주방의 공간을 결정 한 후 식당과 연계성을 고려하여 서비스 구역을 설정하고 사무실, 탈의실, 화장실의 공간을 확보한다.

1) 검수구역

검수구역은 반입되는 모든 식재료의 인수를 확인하는 장소로 접근성이 좋은 곳에 위치해야 한다. 배달트럭 및 기타 차량의 출입이 자유로울 수 있는 충분한 공간이 확보되어야 한다.

검수구역은 저장구역과 가까운 곳에 위치해야 하며 만약 저장구역이 여러 곳으로 분산되어 있다면 검수구역에서 각 저장구역으로 식자재가 접근하기 용이한 곳이어야 한다. 또한 검수구역과 주방은 가까운 곳에 있어야 한다.

2) 저장구역

저장구역은 '냉암소'로 환기가 잘되고 건조하며, 서늘하고 햇빛이 들어오지 않은 곳으로 그 바닥은 세척이 용이한 재질로 만들어져야 한다. 저장구역은 도난 등으로부터 안전할 수 있게 출입의 통제가 가능한 지역으로 검수구역과 조리구역으로의 접근이 용이해야 한다.

3) 조리구역

(1) 전처리 구역

주방의 전처리 구역은 식재료를 처리, 혼합, 보관, 세척 등 식사준비를 위해 사전에 필요한 작업이 이루어지는 곳이다. 전처리 구역의 위치는 저장구역과 조리구역이 가까운 곳이어야 하며 작업대 옆에 쓰레기 처리장치와 배수장치가 필

요하다.

보통 전처리 작업과정은 3단계로 이루어진다. 제1단계는 세척이며, 제2단계는 다듬거나 껍질을 벗기며, 제3단계는 자르거나 모양을 내는 단계이다. 전처리 구역은 능률적인 작업을 위해 작업자가 이동하기 편리한 구조로 되어 있어야 한다.

(2) 육류 작업구역

육류 작업구역은 작업자가 편리하게 작업할 수 있도록 주위의 장비를 잘 정돈하여야 한다. 육류 작업은 위험한 장비를 많이 사용하므로 주위가 산만하거나 작업 환경이 적절하지 않으면 안전사고가 일어날 위험이 증가한다.

(3) 온음식 조리구역

온음식 조리구역은 주방에서 가장 복잡하고 업무가 가장 많으며 가장 중요한 곳이다. 메뉴 중에서 주요리가 생산되는 곳이 온음식 조리구역이다. 전체 주방동선에서 가운데 위치하는 것이 좋으며, 전처리 구역과 서비스 구역에 가까이 위치하는 것이 좋다.

(4) 냉음식 조리구역

냉음식 조리구역은 섬세한 작업이 많아 다른 구역보다 작업대의 배열이나 작업대 높이, 조명 등에 더 많은 주의를 기울어야 하며, 음식을 생산한 후 바로 고객에게 제공되지 않은 경우가 많으므로 유지할 수 있는 냉장시설이 필요하며 특히 더 위생적으로 관리해야 한다.

(5) 최종 조리구역

최종 조리구역은 계속적으로 열을 취급하고 기름이나 흘러내린 음식물들이 떨어져서 지저분해지기 쉽기 때문에 세척이 용이하고 쉽게 손상되지 않는 재료로 마감 처리하여야 한다.

(6) 제과, 제빵구역

제과, 제빵구역은 식음료서비스 시설에서 조리구역과 분리될 수 있다. 그러나

공간이 충분하다면 제과, 제빵구역은 조리구역에 배치하여 관리, 감독을 용이하게 하고 기기 및 일반저장 공간을 공유할 수 있게 한다.

4) 기타 구역

(1) 서비스구역

서비스구역은 최종 조리구역과 고객이 식사하는 공간에 인접하게 위치하여야 한다. 서비스구역은 효율적인 배식 시스템 구축이 중요하며 음식을 몇 분 동안 보관할 수 있는 기기의 설치가 필요하다.

(2) 세척구역

세척구역의 바닥, 벽, 천장은 습기에 견딜 수 있도록 시공함과 동시에 물기를 쉽게 제거할 수 있도록 설계되어야 한다. 세척구역을 디자인할 때 중요한 것은 단순성의 원리이다. 단순한 형태의 설계가 비용도 적게 들며 효율적이다.

(3) 사무실

사무실은 매니저, 주방장, 사무직원에게 필요한 공간이다. 고객이 주방을 통하지 않고 바로 방문할 수 있도록 배치되어야 한다. 소규모 식음료서비스 업소는 사무실을 검수구역이 보이는 곳에 두는 것이 좋다.

(4) 탈의실, 샤워실, 화장실

종업원 탈의실과 화장실은 위생과 안전 및 종사원 태도에 영향을 미치므로 설계시에 주의를 기해서 설치해야 한다. 화장실은 작업장과 가까운 곳에 위치하며 이중 입구로 하여 식품이 있는 지역과 분리한다.

상식코너
Truffle(송로버섯)

세계 3대 진미의 하나로 송로(松露)버섯이라고 알려진 트러플(Truffle)은 우리나라에서는 재배가 되지 않아 모두 수입한다. 호텔 등 고급 레스토랑에서 맛볼 수 있는 트러플은 떡갈나무 숲의 땅 속에서 자라는 버섯으로 지극히 못생겼고 육안으로는 돌맹이인지 흙덩이인지 구분도 어렵다. 땅속 5~30cm 정도에서 자라고 1m 이상에서 발견되기도 하는 트러플은 잘 훈련된 개나 돼지가 10월경에 채취를 하게 된다(요즘은 돼지보다는 개에 많이 의존한다고 한다).

블랙트러플

화이트트러플

로마제국시대부터 프랑스 국왕 루이 14세의 식탁에 즐겨 올려졌고, 그 중에 프랑스 페리고르산 흑색 트러플(Tuber Melanosporum)과 이탈리아 피에몬트 지방의 흰색 트러플(Tuber Magnatum)을 최고로 여긴다.

프랑스산 흑트러플은 물에 끓여 보관해도 향기를 잃지 않고 겉과 속이 까맣고 견과류처럼 표면이 거칠며 진한 향을 가지고 있는 반면, 이탈리아산 흰색 트러플은 날것으로만 즐길 수 있으며, 샐러드와 같은 요리에 이용하며 우아하면서도 원초적인 형용할 수 없는 냄새를 지니고 있어 흑트러플에 비해 가격이 비싸며 그 냄새와 가격으로 생기는 많은 사건들로 인해 이탈리아에서는 흰트러플을 가지고 대중교통수단을 이용하는 것을 법으로 금지하고 있다고 한다.

출처 세계조리연구회

제3장

주방시설관리와 배치 및 설계

제1절 주방시설관리

1. 주방시설관리의 의의

1) 시설관리의 의의

주방시설·설비관리의 궁극적인 목적은 시설이나 장비를 효율적·과학적으로 설계하여 배치하고 유지·보수하여 고객과 경영자의 요구를 만족시킬 수 있는 양적·질적으로 좋은 음식 상품을 생산하여 공급하는 데 있다.

2) 시설관리의 효과

주방시설의 교체가 필요할 때는 전면적인 교체보다 일부를 교체 또는 변경하여 사용할 필요가 있다. 그러므로 시설의 설계와 배치에 있어서 환경의 변화에 맞추어 변화할 수 있도록 유연성 있는 성능을 지니도록 주방을 설계해야 하며, 생산 설비나 주방 장비의 단순한 재배치에서도 일정한 원칙에 입각해서 실시한다.

2. 주방시설관리 방법

1) 주방의 시스템 관리

주방을 구성하고 있는 종합시스템은 기능적으로 구성되어 있는 많은 요소들이 서로 관련이 있어 변화를 주면 시스템을 구성하고 있는 모든 기능적 하위시스템에 영향을 미치는 유동적 시스템이라고 할 수 있다. 그러므로 체계적이고 효율적인 주방시설관리시스템의 구축과 개발이 필요하다.

(1) 사전적 관리

주방시설이나 설비의 사전적 관리는 주방의 설계 부분에서부터 계획적으로 원칙에 입각해서 수립해야 한다. 사전적 주방관리가 부실하면 그만큼 추가경비가 들어가거나 관리의 효율성이 떨어지게 된다.

(2) 실행적 관리

주방시설이나 설비의 실행적 관리란 주방이라는 한정된 인적·물적 자원이 구성되어 있는 공간에서 고객에게 제공될 상품을 가장 경제적이고 합리적인 생산 활동을 통해 최대의 이윤을 창출하는 데 요구되는 사항들을 구체적으로 관리하는 단계를 말한다.

(3) 전략적 관리

고객과 주방 종사원에 대해 경영자가 경영목표를 달성하기 위해 요구되는 유형적 및 무형적 요소로 구성되어 있는 주방시설을 관리하기 위한 일련의 종합관리적 체계라고 말할 수 있다.

2) 주방설비관리

주방의 모든 설비는 내·외부 고객의 만족을 위한 목적으로 운영되어야 하므로 음식 상품의 품질과 작업능률의 향상을 위해 가장 효율적으로 조화될 수 있도록 주방설비가 이루어져야 한다. 다음은 주방에서 갖추어야 할 시설·설비조건이다.

- 음식을 위생적으로 처리할 수 있을 것
- 주방운영이 경제적이며 능률적으로 운영할 수 있을 것
- 모든 종업원이 안전하고 쾌적한 환경에서 근무할 수 있을 것
- 필요한 시간 내에 생산하여 서빙할 수 있을 것

제2절 주방시설의 배치 및 설계

1. 주방시설의 배치

주방설비 배치는 크게 능률, 경제, 위생에 입각하여 설치하므로 보다 좋은 요

리를 생산함과 동시에 경제적인 면에서도 최대의 효과를 거두는 데 목적이 있다.

능률면에서 볼 때, 맨 처음 각 주방을 배치하는 방법이 매우 중요하다. 이것은 각 주방을 한 장소에 집중시키는 방법과 필요한 위치에 분산시키는 방법에 따라서 인원과 기기설비의 관계가 크게 좌우되기 때문이다. 각 주방은 고도의 연관성을 지닌 복합체이어야 하므로, 기초 식재료를 조리하는 주방과 영업하는 각 단위의 주방과의 거리는 가까울수록 효율적이며 경제적이다. 이러한 것은 인건비 절감은 물론 조리사의 피로를 덜어 일에 능률을 올릴 수 있다.

1) 효율적인 설계를 위한 조건

(1) 유연성

유연성의 기본원리는 새로운 경영, 새로운 서비스의 방법, 새로운 메뉴 혹은 새로운 조리방법이 변화하는 환경에 맞추어 나가기 위해서 재배치가 가능하도록 해야 한다. 변화에 맞추어 설계하는 작업은 유연성 달성의 궁극적 수단이다.

(2) 단순성

주방의 구조나 동선, 장비 배치 등이 복잡하면 효율성이 떨어진다. 반대로 주방 설계에서 단순성을 잘 확보하면 효율성이 높아진다.

(3) 재료의 흐름과 이동통로

식음료서비스 시설의 효율적인 설계를 위해서 '흐름'은 매우 중요한 고려사항이다. 주방공간의 수요는 다음의 세 가지 범주로 나눌 수 있다.

① 작업 활동 공간: 조리사에 의해 조리작업이 실제로 수행되는 장소로서 실질적 작업 활동을 하는 공간이다.
② 작업 활동 통로: 작업하기 위해 조리사들이 서있거나 접근하는 장소로서 작업 공간으로부터 가장 직접적으로 접근하기 용이하도록 해주는 공간이다.
③ 이동통로: 운반 장비나 손수레 및 조리사가 신속하고 안전하게 통과할 수 있도록 설계해야 한다. 이동통로는 가능하면 직선으로 만들어서 거리를 단

축하도록 한다.

(4) 위생관리의 용이성

위생의 중요성을 인식하여 설계한 시설 등은 신속하고 쉽게 세척할 수 있다. 오염구역과 비오염구역의 장비 배치와 주방 동선에 따른 장비 배치 등 주방 장비의 배치는 위생관리가 용이하도록 배치하며, 장비구입 시는 위생적으로 잘 설계된 장비를 구입해야 할 것이다.

(5) 공간 효율성

기능적 지역의 범위는 저장공간, 준비 조리공간과 마무리 조리공간, 서비스와 식사공간, 식기세척 및 식기세척장, 그리고 린넨실, 종사원들의 락카룸, 서비스 주방과 같은 지원공간구역 등의 기능적 관계를 접목시켜 활용해야만 생산성과 주방 운영의 효율성을 증가시킬 수 있다.

2) 주방의 배치

주방에서 배치는 조리작업을 위해 여러 종류의 조리 장비를 사용하기 좋고 작업 능률을 높일 수 있도록 차려놓은 것이다.

(1) 배치기준

① 식재료 접근의 용이성 : 식재료의 흐름에 따라 기기류를 배치하며, 식재료에 접근이 용이하도록 배치하면 시간과 인건비가 절약된다. 식재료와 조리된 음식물이 사용될 순서에 따라 배열한다면 운영은 더욱 효율적일 것이다. 작업공간에서 움직임의 흐름이 직선형이거나 L자형일 때 가장 효율적이다. 작업자가 통로를 가로질러 재료를 운반하거나 다른 작업자 주변에서 작업해야 하는 경우가 발생하면 능률은 떨어진다.

② 다른 구역과의 관계와 주의사항 : 한 구역의 배치는 다른 구역과 연계될 수 있도록 설계해야 한다. 각 구역별로 활동이 서로 연계되는 관계에서 차이가 많이 나므로 서로의 관련성을 고려하여 배치하여야 한다. 식당의 시설

은 싱크대 등과 같이 구역별로 따로 구비해야 하는 기기들이 있으며 비용이 너무 많이 드는 기기들도 있다.

③ 주방의 면적

• 면적 : 주방의 면적은 주방의 특성, 기능, 영업형태에 따라 차이가 있지만 조리사의 수와 조리사 한 사람이 일할 수 있는 공간, 즉 최대 작업영역에 기준을 두어야 한다.

• 배치 활용방안 : 소규모 주방설치 시에 많이 사용하는 방법 중 하나는 전문 주방설치 업체를 이용하는 방법으로 여러 주방의 도면은 검토하여 최적의 주방을 찾아내고, 주방면적을 산정하는 방법으로 전환법과 비슷한 방법이다. 가상적인 형판이나 모형들을 이용하여 배치안을 만들어 놓고 그것을 이용하여 주방의 면적을 추정하기도 한다.

(2) 배치계획

주방의 조리사가 사용할 수 있는 다양한 시설 배치 평가로 개인의 작업영역과 작업장의 장비와 장비 사이의 이동 평가를 고려해야 한다. 그리고 조리작업 과정에서 발생할 수 있는 물질적인 흐름과 작업장 사이를 고려한다. 이는 개인의 조리 작업 활동과 과정상 물질적인 흐름의 관계 사이에는 직·간접적으로 영향이 미치기 때문이다.

① 식재료 흐름의 분석 : 주방의 구역배치는 합리적인 흐름을 준수하는 것이 좋다. 식재료가 사용될 순서에 따라 장비를 배열한다면 효율성은 증대될 것이다.

② 활동 간 관련분석 : 한 구역의 배치는 다른 구역과 연계가 되어야 한다. 식재료와 물자의 이동이 많으면 관련성이 높아서 서로 근접에 위치해야 하며 고객의 편의성 증진에 관련성이 많아도 서로 근접한 위치에 있어야 한다. 작업흐름에 따른 활동 관련성을 공간 구조에 맞게 배열할 수 있는 토대를 마련하는 것이다.

③ 필요면적 산정 : 각 작업 중심점의 면적은 생산설비, 운반설비, 저장설비, 식재료의 이동과 조리사의 이동을 위한 공간 등을 합하여 필요한 주방 면적

을 결정하게 된다.

④ 배치대안 개발 : 이상적인 배열의 공간할당을 기본으로 하여 필요한 장비들의 배치도를 개발하는 것이다.

 배치계획의 실제적 절차

콜린스의 시설 배치계획 절차

① 시설배치의 목적 정의

② 목적수행에 따른 기본적이고 부가적인 활동 분류

③ 각 업장별 및 부서 간 상호관련성 결정

④ 각 활동에 필요한 소요 공간량 결정

⑤ 시설배치에 관한 각 대안 결정

⑥ 각 대안의 평가

⑦ 시설배치안 선택

⑧ 배치안에 따른 배치 수행

⑨ 시설배치 형태의 보완과 시설유지 계획 등의 과정을 제시

임머의 배치계획 절차

① 종이에 배치문제 기술

② 식재료의 흐름선 표시

③ 식재료 흐름의 선 및 기계설비 배치의 선 등의 3가지 기본단계를 거칠 것을 제안

나들러의 이상적 배치계획 과정

① "이상적인 이론 시스템"의 목표 설정

② 미래에 성취할 수 있는 "이상적 시스템"으로 개념 정립

③ 기술적으로 수행 가능한 "이상적 시스템"의 설계

④ 현재 가능한 "추천 시스템" 설치 등의 과정을 제시

애플의 시설 배치계획 절차

① 기초자료 수집과 분석

② 생산공정 설계와 그룹화

③ 식자재 흐름의 형태, 운반 계획 및 장비 선정

④ 각 작업장 계획과 장비수량 결정, 편의시설 계획

⑤ 각 부문 간 관련성 설계, 공간소요량과 공간할당 및 저장공간 결정

⑥ 건물의 형태 결정 후 대략적인 배치안 평가와 수정 및 보완

⑦ 경영진의 승인

⑧ 시설배치 수행

리드의 시설 배치계획 절차

① 생산제품 분석

② 생산에 필요한 공정 결정

③ 배치계획표 작성

④ 작업장 위치 결정

⑤ 작업장 공간 결정

⑥ 최소한의 복도 및 이동공간 결정

⑦ 사무용 공간 결정

⑧ 기타 편의시설 결정

⑨ 부대시설 조사

⑩ 미래의 설비확장 대비 등을 제시

(3) 배치의 물리적 특성

① 배치의 배열 형태 : 주방의 배치는 상품, 생산량, 경로, 하위시스템, 시간을 고려하여 고객을 위한 주방시설의 목적에 맞게 인력이나 장비 재료 등을 배치하여야 한다. 배치에는 직선형, L자형, U자형 등이 있다. 각 형태마다 장점과 단점이 있지만 직선형이 가장 효율적인 배치 형태이다.

• 직선형 배치(일자형) : 가장 간단한 디자인으로 작업장이 한정되어 있는

경우에 효과적이다. 비교적 규모가 작은 주방에서 이루어지는 형태이다. 또한 이 배치는 가장 단순한 동선을 유지하는 형태이므로 작업의 능률을 높일 수 있다.

- L자형 배치 : L자형 배치는 직선형 배치를 변형시킨 것으로 구부러지는 코너를 이용하여 벽면을 보고 주방기기를 배치하는 것이다. 동선의 최소화가 가능하며 주방 전체를 관리할 수 있어서 효과적이다.
- U자형 배치 : U자형 배치는 직선형과 L자형의 배치를 통합하는 방법이다. 한 명이나 두 명 정도의 작업자가 작업하는 공간에서 유용하게 사용할 수 있는 형태이다.
- 병렬형 배치 : 두 개의 일자형 라인으로 배치된 것으로 중간에 복도가 있는 모습이다. 배치는 조리된 음식을 모두의 작업센터로부터 가져갈 수 있도록 할 때 필요하다.

② 이동식 기기류 배치 : 가스나 불을 사용하는 기기류는 대부분이 고정시키는 방법을 사용하지만, 신속한 분리장치나 유연성이 있는 이음장치를 사용하고 기기류에 바퀴를 달면 이동식으로 사용할 수 있다.

③ 벽 고정식 기기 : 기기류를 벽에 고정시키는 방법이 있다. 보통 벽은 기기의 무게를 견딜 수 있는 구조물이 없으므로 벽 내부에 지지대를 설치한 후 기기를 그 지지대에 고정시킨다.

(4) 유형별 배치 형태

① 기능별 배치 : 기능별 배치는 여러 종류의 음식 상품을 생산하는 기능을 중심으로 장비를 배치하는 방법이다. 조리상품 생산을 위하여 특정한 기능을 한 장소에 모아서 상품을 생산하는 방식으로, 대량의 상품을 효율적으로 생산할 수 있는 방법이다.

② 상품별 배치 : 품별 배치는 주방 장비들을 특정 메뉴의 공정순서에 따라 배열하여 작업의 흐름이 좋다. 작업장 간의 식재료 및 상품의 이동은 자동운반 장치를 이용하는 경우도 많다. 각 조리과정이 갖고 있는 능력을 최대한 발휘할 뿐만 아니라 전체 조리과정이 원활하게 이루어지도록 균형을 유지하는 것이 중요하다.

③ 과정별 배치 : 과정별 배치는 다품종 소량생산에 적합한 배열 형태이다. 조리 작업과정 간의 운반거리를 최소화할 수 있으며, 식재료의 운반량과 운반거리 및 작업자의 이동거리를 적절하게 고려하여 배치하여야 한다.

(5) 주방공간구역 기기 배치방법

① 검수공간과 저장 공간의 배치 : 검수구역은 물품하역에 필요한 공간과 차량 이동 공간의 확보가 필요하며, 식품을 검수하는 공간의 확보도 필요하다. 저장구역의 최적배치는 사용가능한 저장 공간을 최대화하고 불필요한 통로 공간을 최소화하는 것이다.

② 전처리 구역 배치 : 전처리 구역은 작업 기능별로 배열한다. 작업대와 세척용 싱크대를 순서대로 직선배열하면 된다. 입고에서부터 저장냉장고까지 작업대는 장비들 간에 근접한 상태로 위치되어야 한다.

③ 냉음식 조리지역 배치 : 싱크대가 있는 작업대, 조리된 음식과 원재료를 보관하는 냉장고, 냉음식, 배식구역 및 서비스 요원이 음식을 가져가는 구역이다. 배치방법은 서비스 요원이 편리하게 주방의 앞쪽에 배치하는 방법과 서비스 요원이 가져갈 수 있도록 배치하는 방법이 있으며, 찬 요리구역과 최종 조리구역을 구분하지 않고 같이 사용하는 형태가 있다.

④ 최종 조리구역 배치 : 음식을 조리하는 전체 공정에서 가장 큰 영향을 미치는 단계이다. 음식의 효율적인 생산과 신속함이 중요하다. 창고나 준비 장소로부터 식재료의 흐름과 식기류를 세척하는 곳까지 모든 것이 포함된 공간 확보이다. 조리구역의 배치는 업소의 성공에 중요한 영향을 미친다. 최종 조리구역의 기기는 메뉴에서 요구하는 조리기법에 따라 선정되며 기기의 용량은 메뉴의 예상 수요에 따라 결정된다.

⑤ 서비스구역 : 식당 컨셉에 따라 달라지므로 최종 조리구역과 서비스 구역 사이를 이동하는 거리를 최소화해야 한다. 신속하고 효율적인 서비스를 수행하기 위해서 이동하는 동선의 거리나 횟수를 줄인다면 서비스 속도가 향상되고, 인건비가 절감되며, 주방의 혼잡이 감소하고, 직원이 고객에게 더 많은 관심을 기울일 수가 있을 것이다.

⑥ 식기세척구역의 배치 : 식기세척구역은 배치에 영향을 준다. 일반적으로 소

규모의 시설은 1조 탱크식 도어형 식기세척기를 설치한다. 규모가 조금 더 커지면 2조 탱크형 식기세척기, 플라이트형 식기세척기, 순환형 식기세척기, 식판 적재장치를 구비한 코너형 식기세척기를 설치한다.

3) 주방시설 재료

(1) 재료 소재

목재는 고급스러운 품격과 경제성을 위하여 보조재료로 많이 사용한다. 금속 재료로 가장 많이 사용되는 재료는 스테인리스 스틸이다. 강도가 높으며 부식되지 않고 외양이 깨끗해 보인다. 그 다음으로 많이 사용되는 재료는 철이다. 철은 열전도율이 높으며, 흡수된 열을 오랫동안 유지시킨다. 알루미늄은 열전도율이 좋고 가볍고 습기에 부식되지 않아 많이 사용되는 소재 중의 하나이다. 플라스틱은 가볍고 다양한 색상으로 주방에서 많이 사용되는데, 주의할 점은 뜨거운 상태가 되면 환경 호르몬이 검출될 수 있다.

(2) 장비의 표면

① 식품 접촉 표면 : 독성이 없고 영구적이면서 흡수성이 없어야 하며, 위생적인 면과 기능적인 면을 동시에 만족시킬 수 있는 소재를 사용해야 한다.
② 물이 닿는 표면 : 물이 닿는 표면은 매끈하고 교체가 용이하며, 쉽게 부식되지 않아야 한다. 또 균열되거나 부서지지 않는 재료를 사용해야 한다.
③ 비식품 접촉 표면 : 필요한 용도에 따라 적정한 소재를 사용하며, 식품이 직접 닿지 않으므로 위생적인 면보다는 기능적인 면을 강조하도록 한다.

(3) 주방의 내부 마감재

① 주방 바닥

주방 내에서 바닥은 가장 중요한 만큼 시공하기 힘들고 복잡하다. 바닥에는 배수관, 전기 등의 배수관을 매설하여야 하고, 여러 가지 주방기구를 설치해야 하므로 하중을 이겨낼 수 있게 시공되어야 하며, 바닥이 얼마나 수분을 흡수할 수 있는지 재료의 유공성이 적은 재질을 씀으로써 바닥재로 수분의 흡수를 막아

미생물과 세균번식을 차단해야 한다.

② 주방 벽

바닥재와 마찬가지로 벽도 장식성뿐만 아니라, 위생에 만전을 기할 수 있는 재질이어야 하고 유공성, 흡수성, 탄성을 고려하여야 하며, 쉽게 청소가 가능하고 가능한 밝은 색을 사용하여 조명의 반사도를 높이며 방수가 잘되는 세라믹 타일이 인기가 있고, 스테인리스 재료는 수분에 강하고 내구성이 뛰어나 조리대 주변과 같이 습도가 높은 곳에 사용하기에 훌륭한 재료로 쓰인다.

③ 주방 천장

주방의 천장은 기름 종류의 증기와 조명기구 등이 부착되어 화재의 위험성이 높으므로 단열제품을 사용하여야 한다. 천장고는 너무 높을 필요가 없는데, 이는 환기장치 등을 통해서 충분히 통기성을 유지할 수가 있기 때문이다. 그러나 너무 낮은 천장은 공기순환과 심리적 관점에서 좋지 않기 때문에 피하는 것이 좋다.

④ 주방 조명

조명은 보다 효율적인 서비스 제공의 보조역할을 하며 청결함을 더욱 돋보이게 하고 작업능률을 향상시킨다. 조도뿐만 아니라 조명의 방향, 조명의 색깔 또한 중요하다. 일정하게 배열한 형광등의 설치로 전기를 줄이고 그림자도 최소화하며 통일된 분위기를 만든다. 그러므로 주방은 습기가 많은 곳이므로 조명기구의 설치는 천장이나 벽에 매립형으로 하고 뚜껑을 설치하는 것이 바람직하다.

⑤ 주방 환풍장치

환풍이란 주방과 객장 내의 조리과정 중 발생한 증기나 기름기 등을 외부로 배출하는 것을 말한다. 이렇게 안의 공기를 밖으로 배출함으로써 내부공기를 고객과 직원 모두를 안전하고 건강하게 한다. 환풍장치는 다음의 다섯 가지 기능을 한다.

• 축적된 기름때로 인한 화재를 예방한다.

- 천장이나 벽에 붙어 있는 응축물이나 공기 중에 포함되어 있는 오염물질 등을 제거한다.
- 조리시설 내에 먼지가 쌓이는 것을 방지한다.
- 조리기구로 인해 발생하는 가스나 음식냄새를 줄인다.
- 습기를 제거함으로써 곰팡이가 피는 것을 방지한다.

조리장의 창문이나 문을 열어놓는 것만으로는 충분히 위의 기능을 적절히 수행한다고 할 수 없다. 오히려 문을 열어 둠으로써 외부의 해충이나 먼지가 들어올 수 있기 때문이다. 음식물을 가열하거나 튀기고 볶는 모든 조리기구 주변에는 특히 환풍시설이 잘 갖추어져 있어야 한다.

4) 설비의 기능적 배치

배치(Lay-out)는 계획과정에서, 좀 더 제한된 기능으로 외식업의 영업을 위한 물리적 설비배치를 의미한다. 설비의 전반적인 디자인을 달성하기 위한 많은 업무 중의 하나로서 디자인에 있어서 가장 중요한 부분의 설비에 효율적인 운영체계를 지시하여 준다.

주방에서는 조리과정의 경로가 최단이 되도록, 요리 전체의 과정이 한 흐름이 되도록 주방설비를 배치하여야 한다. 이와 같이 주방설비를 배치하면 조리과정의 총거리 및 시간은 크게 단축된다.

(1) 설비의 배치

주방의 작업동선은 기능적으로 볼 때 작업 중심적, 독립된 단위주방, 독립된 단위주방의 집합으로 구분할 수 있다. 구성단계는 작업 중심 공간이 먼저 계획되고, 중심공간이 모여서 하나의 단위주방이 형성되며, 그 단위 주방들이 합해져 전체 주방을 이루는 것이다.

① 작업 중심점

작업 중심 공간은 주방설비 배치의 가장 작은 기본단위이다. 실제적으로 모든

작업은 작업 중심점을 기준으로 둘러싸여 이루어지며, 한 주방에서도 작업이 세분화된 경우에는 여러 개의 중심점이 필요하다.

주요 작업영역은 사용자가 바로 앞에서 직접 행하는 작업영역으로, 좌우로 팔을 뻗는 일이 없이 편안한 접근이 가능한 영역이다. 어느 정도의 몸을 움직여야 닿을 수 있는 거리는 인체의 도달영역에 의해 제한되며, 개인의 신체치수에 따라 다르다.

일반 주방작업대의 높이는 25~35세 조리사의 평균신장이 약 170cm로 볼 때 85cm가 적합하다. 가장 이상적이 높이는 테이블 설치시 높낮이를 조절할 수 있으면 좋다.

주방작업대의 높이, 순환을 위한 캐비닛과 조리장비 및 기물과의 적절한 허용치, 벽에 설치된 선반까지의 용이한 접근, 그리고 적절한 시야공간 확보는 주방을 디자인할 때 반드시 고려해야 할 사항이다. 또한 조리사와 주방의 각 장비 및 기물들과 상호관계가 원만하게 이루어지려면 모든 요소가 신체치수와 규격에 적합하여야 한다. 작업대 사이의 허용치를 정하기 위해서는 신체의 폭과 평균신장이 중요하다. 그러므로 작업자의 체형에 가장 효율적인 기기 및 장비의 개발과 과학적인 배치를 연구하여 설치하는 것이 좋다.

적합한 작업공간이란, 움직임을 덜어 주고 시간과 에너지를 절감해 주어야 한다. 따라서 각 주방은 업무의 성격에 따라서 특색 있게 개발되어야 하며, 그 안에서 완벽한 작업수행이 가능해야 한다.

② (독립된) 단위주방

단위주방은 작업이 이루어지는 분산된 중심점들의 집합체를 말한다. 한 주방에 있는 작업중심의 수는 행해질 작업의 양과 특성의 정도에 따라, 그리고 그 일을 하는데 허용되는 시간에 따라 변화한다. 그러므로 모든 작업은 각 중심점 상호간에 방해를 받지 않으며 높은 연관성을 위하여 논리적이고 과학적인 배치가 필요하다.

원활한 작업흐름을 위한 독립된 주방의 여건은 다음과 같다.

• 기능을 적절한 순서에 따라 진행하되 작업중심공간을 건너지르거나 설비물

들을 돌아서 가야 하는 일이 최소한이어야 한다.
- 작업시간과 에너지에 대한 경비를 최소로 하는 것과 더불어 순조롭고도 신속한 생산과 서비스가 고려되어야 한다.
- 준비하고 배식함에 있어 지연이나 재료를 장기간 보관해 두는 일은 가능한 배제되어야 한다.
- 작업자나 재료의 이동시에는 최대한 짧은 거리 안에서 이루어져야 한다.
- 재료나 기기는 최소한의 취급을 받도록 하고, 설비는 작업자가 최소한의 주의만으로도 충분하도록 안전해야 한다.
- 공간이나 설비는 최대한 활용되어야 한다.
- 모든 면에서 품질관리를 해야 한다.
- 최소의 생산비가 되도록 해야 한다.

2. 주방시설의 설계

1) 주방설계의 기본

① 메뉴 수, 메뉴 종류를 먼저 결정
② 메뉴 조리방법을 결정
③ 주방기기의 종류와 규격, 수량을 결정
④ 예상 최대 판매수량을 설정
⑤ 냉장, 냉동고 등 창고 스페이스를 확보
⑥ 1시간 기준 최고 판매개수 생산량을 설정
⑦ 주방기기별 생산능력을 체크
⑧ 작업동선이 최소한 1.2~1.3m가 확보되도록 설정
⑨ 식품원자재의 가공 정도를 결정
⑩ 조리속도를 빠르게 할 수 있는 주방기기를 선정
⑪ 우선 주방면적을 ①~⑩항의 조건에 맞추어 설정한 뒤 객석을 확보한다는 기본원칙을 준수
⑫ 주방의 위치는 객석으로 서빙하기 편리한 위치에 설정되어야 함
⑬ 주방은 점포의 모양에 따라 합리적으로 설정

⑭ 주방바닥 및 주방 벽체 마감제의 설정

⑮ 온수 공급라인의 확보

⑯ 배수시설의 확보

⑰ 전기용량의 합리적 설정

⑱ 도시가스설비 지역과 비설치 지역의 구분

⑲ 후드설비 도면

⑳ 닥트설비 도면

㉑ 주방기기의 레이아웃

㉒ 주방기기 규격 및 리스트

2) 인체공학과 공간설계

인체공학은 어떤 작업 환경이 종사원의 만족, 안전, 생산성에 영향을 미치는가에 대해 연구하는 학문으로 산업 전반에서 활용되고 있으며, 주어진 작업의 내외적 환경에서 종사원들의 활동범위를 최대한으로 확장하는 데 있다.

(1) 인체측정

인체치수는 상황에 따라서 변하게 된다. 크게 나이에 따라 변하며 적게는 상황에 따라 변한다. 인간의 신체는 본질적으로 역동적인 유기체이기 때문에, 제시된 인체측정의 데이터를 디자인에 적용하는 데는 인체의 정적상태 자료와 인체의 역동적 상태자료를 조화시키는 것이 필요하다.

(2) 능률적인 작업공간

작업자가 주방에서 작업에 필요한 공간 확보를 위해서 필요한 작업영역 중 정상 작업영역은 구조적인 인체치수와 관련이 있고, 최대 작업영역은 기능적인 인체치수와 관련이 있다.

- 정상 작업영역 : 작업자가 정상적으로 작업을 할 수 있는 영역으로 한쪽 팔을 자연스럽게 수직으로 늘어뜨리고 한쪽 팔만 가지고 편하게 뻗어 작업업

무를 수행할 수 있는 구역을 정상 작업영역이라고 한다.

- 최대 작업영역 : 작업자가 한 위치에 서서 작업할 수 있는 영역으로 양팔을 곧게 펴서 작업업무를 수행할 수 있는 영역을 최대 작업영역이라고 한다.
- 작업대의 높이 : 작업에 필요한 작업대의 높이는 작업자가 서서 작업할 때 작업대 위에 팔을 올려놓고 자연스러운 자세로 서서 팔꿈치보다 5~10cm 정도 낮은 것은 기준으로 하는 것을 기본원칙으로 한다.
  - 주요동선 폭원 : 1,200mm 이상
  - 부속동선 폭원 : 900mm
  - 서비스에 필요한 치수 : 500~600mm
  - 테이블 간의 치수 : 300mm 정도

㉠ 고객의 이동 동선
  - 입구 ⇒ 휴대품 보관소 ⇒ 고객대기, 라운지, 바 ⇒ 객석
  - 객석 ⇔ 화장실
  - 객석 ⇒ 계산대 ⇒ 출입구의 통로

㉡ 서비스와 관리부분의 동선
  - 식기 반입구(주방 출입구) ⇒ 검수 ⇒ 창고 ⇒ 주방
  - 주방 ⇒ 식기실 ⇒ 객석
  - 주방 출입구 ⇒ 탈의실 ⇒ 종업원 식당 ⇒ 종업원 화장실

3) 적절한 공간설계

합리적인 주방동선을 결정하는 데는 다음과 같은 사항을 고려해야 한다.

① 동선을 다른 동선과 교차시키거나 역행해서는 안 된다.
② 동선은 가능한 한 일직선 라인을 통과해야 한다.
③ 옆으로 통과하는 동선도 최소화해야 한다.
④ 식재료가 체류되거나 흐름과 역행하는 일이 없어야 한다.
⑤ 작업자나 식재료의 이동거리는 최소화해야 한다.

⑥ 공간이나 설비는 최대한 활용되어야 한다.

⑦ 오염구역에서 비오염구역으로 들어오는 동선은 없어야 한다.

4) 조리공간의 설계

조리공간은 가장 바쁜 시간과 짧은 시간에 제공할 수 있는 음식의 수를 근거로 하여 적절하게 할당한다. 조리공간은 여러 가지 장비와 기기들의 기능이 복잡하게 얽혀 있으므로 인체측정 수치를 활용하여 설계할 필요가 있다.

① 작업대와 선반 : 조리작업대 공간의 필요 확보량은 기기를 사용하고 각종 조리장비의 작동 및 작업에 필요한 손과 팔의 길이에 좌우된다. 조리작업자의 손과 팔의 움직임은 가능한 한 표준 그리고 최대한의 작업면적에 결정된다. 선반의 높이는 평균 신장 172cm의 사람을 기준으로 어깨 높이에 팔 길이를 더한 높이가 선반의 상한선이며 작업대 위에서 작업을 하는 데 불편하지 않는 높이가 선반 높이의 하한선이 된다.

② 세척공간의 작업 : 세척공간은 싱크대의 작업자와 다른 작업자의 동선을 고려한다. 싱크대에서 작업하고 있을 때 최소한 1명의 작업자가 작업에 방해되지 않고 지나가기 위해서는 77cm 정도가 필요하다.

③ 수납장의 높이와 작업영역 : 수납장은 영업시간에 자주 사용하는 영역으로 표준 높이와 영역은 작업을 편리하게 해준다. 가장 편리하게 사용할 수 있는 영역은 보통 작업자의 눈높이에서 작업대 표면까지의 높이이다. 최대로 도달할 수 있는 높이는 최대 작업영역에 속해 있는 높이이다.

④ 조리작업 공간 : 조리공간의 설정은 조리사들의 개인작업 공간을 우선적으로 설정해주어야 한다. 주방공간에서 주어진 작업 활동공간은 조리사 한 사람이 작업공간에 구성되어진 시설을 최대한 활용하여 특정한 메뉴 품목을 만들어내는 공간이다.

5) 작업장 규모

작업대의 공간 크기는 사용하는 식재료의 크기와 작업구역 배치에 따라 달라

져야 한다. 좋은 작업장 배치도를 만들기 위한 가장 중요한 지침은 작업을 해나가는 과정에서 일어나게 되는 움직임을 생각해 보고 이 과정을 수행하기 위해 필요한 음식과 기기들이 차지하는 공간을 결정해야 한다.

 제3절 주방시설 배치의 평가

1. 주방배치 디자인 평가

1) 주방 디자인의 흐름

주방의 설계에 필요한 요소는 바닥표면, 작업 외부 공간, 저장 공간 그리고 필요한 장비들을 포함한다. 즉, 조리업무의 확실성을 위해 호텔계획이나 일반 외식기업의 계획에 있어서 첫 번째 단계의 하나로서 수행되어져야만 한다.

2) 주방 디자인을 위한 구성요소

(1) 주방 작업통로 공간

주방공간에서 조리사 한 사람의 작업통로에 필요한 공간의 넓이는 보통 61~92cm를 확보한 공간을 유지해야 한다. 두 명의 조리작업자들의 위치는 뒤에서 뒤로 크로스되면서 작업이 진행되는데, 필요한 최소한의 작업통로 공간은 1.07m이다.

(2) 조리작업대 공간

조리작업대 공간의 필요 확보량은 기구를 사용하고 각종 조리장비의 작동 및 작업에 필요한 손과 팔의 유형에 의존한다. 최대 작업면적의 외부 위치는 작업자들의 몸을 구부리는 것을 요구하고 그리고 나서 조리작업대의 위치 움직임은 최소한으로 유지되어야 한다.

(3) 작업대 높이

일반적인 가벼운 일을 할 때의 권장 작업 표면 높이는 여자의 경우 94~99cm, 남자의 경우 99~104cm이다. 무거운 업무량에 따른 작업일 때 작업표면은 통상 86~91cm의 높이를 설정하는 것이 작업자와 업무 양쪽에 적합한 작업 표면을 조정하는 이상적인 디자인이다.

3) 주방디자인 행동경계

① 규칙적인 행동경계 : 조리작업자들의 행동은 대부분 규칙적으로 동시성을 갖고 있다.
② 습관적인 행동경계 : 조리작업자들의 조리업무에 있어서 동시에 일어나는 규칙적인 움직임은 조리작업의 창조성을 나타낸다.

2. 시설배치의 평가

1) 배치의 외형

① 일자형 : 주로 벽을 따라 배치하거나 주방의 중앙부에 배치하는 형이다.
② 엘(L)자형 : 엘(L)자형의 외형은 두개의 그룹으로 나누어 작업하는 경우에 매우 효과적인 방법이다.
③ U자형 : 한 명이나 두 명 정도의 작업자가 있는 공간에서 유용하게 사용할 수 있는 형태이다.
④ 평행 배치 : 두 개의 평행 라인으로 작업대끼리 등을 맞대고 있는 형태이다.
⑤ 평행 형태 : 두 개의 일자형 라인으로 배열된 것으로 중간에 복도가 있는 모양이다.

2) 주방시설 배치의 고려요인

(1) 주방배치에 따른 면적 조정

① 작업대의 배치 종류

　• 일직선형 작업대 배치 : 효율면에서 가장 좋지 않은 배치. 소규모 주방의

면적기준을 갖고 있는 주방의 적합한 작업대 배치방법이다.

- L자형 배치와 U자형 배치 : L자형 배치와 U자형 배치는 주방작업공간에 설비, 배치하는 것이 매우 어려우나, L자형 배치에서 직각은 이동량을 절감시키는 특징이 있으며 주방공간이 너무 크지만 않다면 U자형 배치도 매우 효율적이다.

- 마주보는 2선형 배치 : 서비스하는 사람이 주방에 출입하여 활동하기 때문에 운반공간이 필요로 하는 장소에서 적합하다.

- 등을 맞댄 2선형 배치 : 관리자의 감독기능이 현저히 저하되는 경우가 발생하기 때문에 매우 불합리한 점이 있다.

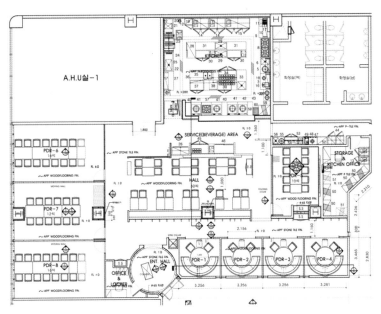

현대의 호텔, 레스토랑 등에서 많이 사용하는 설계도면

상식코너
호텔 이야기

서울에서 제일 먼저 세워진 양식호텔은 1902년에 독일 여인 손탁이 정동에 세운 손탁호텔을 들 수 있다. 이 건물을 세운 미쓰 손탁(Miss Sontag)은 당시 주한 러시아공사 웨베르(Weber)의 처형으로 1885년 10월 웨베르가 공사로 부임할 때 같이 서울에 왔다. 그녀는 원래 「알사스로렌」 출신으로 머리가 뛰어난 여자였다. 한국에 온지 얼마 후에 웨베르의 추천으로 궁정의 외인접대의 일을 맡게 되었는데, 아울러 고종 및 양반의 서양식기·서양식 실내장식품류의 구입에도 관여하였다. 그리고 가끔씩 왕비에게 초청되어 말상대가 되어 주기도 하였는데, 그녀는 영어·불어 및 한국어에도 능통하여 왕비는 물론 고종에게까지 안내되기도 하였다.

손탁은 1895년에 고종으로부터 경운궁(慶運宮)에서 도로 하나 건너편에 있는 서쪽의 땅과 집을 하사받았다. 당시 그의 저택은 외국인들의 집회소 역할을 하였으며 청일전쟁 후에는 미국이 주축이 되어 조직한 정동구락부(貞洞俱樂部)로 이 집이 사용되어 외교의 중심가가 되었다. 그러다가 1902년 10월에는 옛집을 헐고 그 자리에 양관(洋館)을 지어 호텔로 경영하였는데, 위층에는 귀인들의 객실로 사용하였고 아래층은 보통 객실과 식당으로 사용하였다.

- 1889년 인천, 〈대불호텔〉: 우리나라 최초의 호텔
- 1902년 서울 정동 〈손탁호텔〉: 최초의 근대적 호텔, 처음으로 프랑스 요리 제공
- 1912년 〈부산철도호텔〉: 최초의 철도 호텔
- 1914년 〈조선호텔〉: 호텔이 처음으로 회의 장소로 이용
- 1936년 〈반도호텔〉: 최초의 상용호텔(이 시기는 우리 국민의 여행이 제한되어 일본인, 외국인을 위한 시설)
- 1952년 대원호텔: 최초의 민영 호텔
- 1955년 금수장 호텔: 지금의 소피텔 엠버서더의 전신
- 1959년 M.O.T가 직영한 호텔(서울반도, 조선, 지방의 8개 호텔 등 10개)
- 1961년 관광사업 진흥법: 시설기준이 우수한 호텔을 관광호텔로 지정(메트로 호텔, 아스토리아 호텔, 뉴코리아 호텔, 사보이 호텔, 그랜드 호텔)
- 1963년 (워커힐): 최초의 휴양지 호텔
- 1970년 조선호텔: 국내에서는 처음으로 자본과 경영을 분리경영
- 1970년 관광호텔 등급제도, 관광호텔 지배인 자격시험제도 실시
- 1976년 서울 프라자 호텔
- 1978년 Hyatt HOTEL, 부산조선비치호텔, 경주코롱호텔
- 1979년 HOTEL 신라 개관을 시작으로 1979~1980년 사이에 HOTEL 롯데, 경주조선호텔, 경주도큐호텔, 부산서라벌호텔, 서울가든호텔 등 대형호텔 개관
- 1983년 Hilton HOTEL, 제53차 ASTA 개최
- '86, '88 이후 외국 체인호텔 개관: 스위스 그랜드호텔, 인터컨티넨탈, 라마다호텔, 롯데월드호텔 등
- 1990년 제주 신라가 Resort Hotel로 개관

제4장

주방의 에너지, 위생, 안전관리

제1절 주방의 에너지관리

1. 전 기

1) 전기의 특징

전기에너지의 특징은 열 효율성이 가장 높으며, 냄새나 그을음이 없고 취급이 간편하다는 것이다. 전기의 열효율은 65~170%이며, 단위 열량당 단가가 높다.

2) 전기시스템

전기에너지는 주방에서 가스와 함께 가장 많이 사용하는 에너지원 중의 하나로 조명이나 환기, 주방 기기류 등의 에너지원으로 사용된다. 주방 기기류의 전기 시스템을 결정할 때는 먼저 건물의 전기시스템 특징을 확인해야 한다.

2. 가 스

에너지 비용을 기초로 전기기기와 가스기기를 비교하여 필요한 기기를 선택하였을 때 에너지 비용을 더 절약할 수 있다.

가스 기기는 전기기기에 비해 열조절이 쉬우며, 내구력과 비용면에서도 차이가 난다. 하지만 가스기기는 연소과정에서 미연소 가스가 배출되므로 이를 배출할 수 있는 후드시스템을 갖추어야 한다.

1) 도시가스와 프로판가스

도시가스는 가스공장에서 만들어지는 제조가스로서 원료는 석탄, 석유, 천연가스다.

프로판가스는 LPG라고도 하며, 정유의 부산물로 프로판과 부탄의 혼합물이다. 특수용기에 넣어서 판매하며 열량은 도시가스보다 높고 공기보다 무거워서 (1.5~2.0배) 가스감지기를 낮은 곳에 설치해야 한다.

2) 가스버너

버너는 가스 흡입구와 공기 흡입구로 구성되어 있으며, 가스 흡입구로부터 들어 온 가스는 혼합관 안의 구멍에서 공기와 혼합되어 분출구를 통해 혼합관을 거쳐 들어가서 버너의 중앙에 있는 점화봉에 의해 불이 당겨진다.

가스버너 사용 시에는 가스버너와 냄비 사이에 약 3cm 정도의 거리를 유지해 주어야 좋다. 가스는 다른 연료에 비해 취급이 편리하고 청결하며, 연소효율이 높아 현대주방에서 아주 중요한 열원 중의 하나이다.

3) 가스사용 시 지켜야 할 수칙

① 영업시간 외에 모든 가스 사용기기는 점화봉만 남겨둔 채 불을 끈다.
② 조리작업 시에 불의 세기를 너무 과도하게 사용하지 않는다.
③ 조리작업 시에 용량이나 규격에 맞는 용기를 사용한다.
④ 정확한 조리방법을 지켜 조리과정에 따라 불의 강약을 조절한다.
⑤ 가스사용 시에 절대 자리를 이탈하지 않는다.
⑥ 가스 사용수칙을 잘 지킨다.

3. 상수도·하수도

1) 상수도

급수시설은 주방에서 조리업무에 적합한 물을 공급하기 위한 시설로 주방의 최대 조리업무 시간대의 급수량을 고려하여 설치해야 한다.

수도 직결 배관방식은 수도 배관의 수압을 이용하여 주방 내에 직접 급수하는 방식으로 2층 이하에서 사용된다. 고가수조 배관방식은 고층건물에 적합한 방식으로 물탱크에 저장하였다가 급수하는 방식이다.

2) 하수도

하수시설은 주방에서 사용한 물을 하수구로 버리는 시설이다. 이때 하수도의 냄새 또는 하수가스의 배수관 역류를 방지할 수 있어야 한다. 배수로는 U자형으

로 해야 구석에 이물질이 쌓이지 않으며 깊이는 15cm, 넓이는 20cm 이상을 유지해야 한다.

3) 스 팀

스팀은 에너지를 음식에 빨리 전달할 수 있기 때문에 주방의 중요한 에너지원 중 하나이다. 스팀은 압력이 없을 때도 온도가 100℃에 머물고, 압력이 높아지면 120℃까지 온도가 올라간다. 또한 예열이 거의 필요하지 않으므로 예열에 의한 열 손실이 없고, 열 효율성이 높기 때문에 조리시간이 짧아진다.

4. 적절한 조명

1) 조명의 의의

조명은 직접, 간접, 산광으로 구분한다. 직접광은 빛의 근원으로부터 오는 직사광선이고, 간접광은 천장이나 벽에서 반사되는 것이며, 산광은 빛이 반투명 막에 의해 제거된 광선을 가지고 퍼지는 것이다. 적절한 조명은 부정적인 느낌이나 긴장을 푸는 데 도움을 주며, 음식을 조리하고 서비스하는 데 없어서는 안 된다.

2) 조명의 특성

(1) 빛의 분산

작업장의 조명배열은 빛이 전체공간에 골고루 퍼지도록 하는 것이다. 작업을 하는 일정한 공간에 더 강한 빛을 주면, 눈에 무리가 오게 되어 일정시간이 지난 후에 시력에 많은 영향을 준다.

(2) 반사광

반사광은 눈을 긴장시킬 뿐만 아니라 시력을 약하게 만든다. 그러므로 반사광을 줄이기 위해서는 다음과 같은 방법을 이용한다.

• 광원의 반사광을 줄이고 수를 늘린다.

- 반사광의 주위를 밝게 하여 광속 발산비를 줄인다.
- 간접조명을 사용하여 조리장의 조명을 통일한다.
- 무광택 페인트를 사용한다.

(3) 빛의 색

작업장에서 빛의 색은 생산을 증대시키고 사고와 실수를 감소시키며 사기를 북돋우는 데 관계가 있다.

- 적색 : 공포, 열정, 따뜻함, 용기, 활기
- 황색 : 주의, 희망, 향상, 광명
- 녹색 : 안전, 안식, 차가움, 이상, 평화
- 청색 : 진정, 서늘함, 소극, 소원, 냉담
- 자색 : 우미, 고취, 불안, 영원

3) 조명도구

(1) 백열등

전구는 오래 사용하면 밝기가 차차 어두워진다. 밝기가 처음의 80%가 되는 데까지의 시간을 전구의 수명이라고 하는데, 보통 1,000~1,200시간 정도이다. 전구의 필라멘트는 진동에 특히 약하므로 전기를 켤 때나 끌 때 주의해야 한다.

(2) 형광등

형광등은 발열하지 않고 조명효율이 좋아서 실내조명에 많이 사용되고 있다. 형광등은 스타트 방식에 따라 예열 형광등과 스타트 형광등으로 구별한다. 또한 모양에 일직선과 원형 형광등으로 나누는데, 양쪽 끝에는 필라멘트가 있다.

형광등의 밝기는 20℃ 전후가 가장 좋으며, -5℃ 이하에서 사용할 때는 저온형광등을 사용하거나 예열원을 내장해야 한다.

(3) 고압수은등

수은등은 고압으로 수은을 방전시켜 방출되는 복사선을 이용한 것이다. 수은

증기는 고압으로 넣어 방전시키면 전류가 흐르며, 강한 가시광선이 나오게 된다. 빛은 자연의 빛보다 푸른색이 좀 더 강하게 방출되나 외식업소의 정원이나 옥외 조명용으로 적합하다.

(4) 나트륨등

나트륨등은 발광효율이 아주 높고 수명이 길며, 황동색의 단색광이다. 연색상은 나쁘지만 색 수치가 없다.

(5) 네온사인

유리관 양쪽 끝에 전극을 넣고 유리관 속에 네온가스를 넣은 것으로 이 양단에 적당한 고전압을 걸어주면 가스를 통하여 방전이 일어나면서 아름다운 붉은색을 낸다.

5. 온도와 습도

온도, 습도, 환기의 관계는 설계시에 기술자가 책임져야 하는 기술적인 부분이다. 온도와 습도는 그 건물을 이용하는 대부분의 사람들이 편안함을 느낄 수 있는 수준으로 유지되어야 한다. 사람에게 가장 쾌적한 온도는 22~25℃이다.

6. 소음 조절

주방 공간 중에서 가장 소음이 많이 나는 곳은 세척장이다. 세정실과 주방 사이에 방음벽을 시공하여 소음이 전달되는 것을 제한해야 하며, 주방 내부나 천정에 기름이나 습기에 저항성이 있는 방음장치를 할 필요성이 있다.

주방설계 시에 소음을 줄일 수 있는 방법은 다음과 같다.

- 방음천정을 설치한다.
- 소리흡수제 코팅처리를 한다.
- 냉장, 냉동고 콤프레서 원거리 설치한다.

- 조리구역에 전자식 주문기기 설치로 소음과 시간을 단축한다.
- 작업장에 낮은 볼륨의 배경음악을 튼다.
- 주방에서 세정실을 분리하고 방음벽 설치한다.

7. 색 채

색은 단독으로 혹은 복합적으로 혼합해서 사용하여 작업자의 피로를 줄이고 사기를 향상시키며, 생산성을 증가시킬 수 있기 때문에 주방 내부의 색깔과 장비들의 색을 합리적으로 선택할 필요가 있다.

원색은 광범위하게 사용하지 않고 위험물 표시로 적색, 청색, 황색, 흑색을 구분 사용하면 종사원의 사고방지에 도움이 된다.

① 빨간색은 따뜻함, 정열을 상징하는 반면, 반항과 잔인함을 상징하기도 한다. 시선을 집중시켜 주는 역할을 하며 활기를 주어 빠른 리듬을 준다.

② 자주색은 엄격하고 전통적이며, 사치스럽고 우아한 느낌을 준다. 주로 달콤함, 진한 맛을 느끼게 한다.

③ 주황색은 햇살, 빛, 가을을 연상시키고, 젊음과 관련이 있으며 빨간색과 노란색의 속성을 가지고 있다.

④ 노란색은 명랑함, 힘찬 느낌을 주는 친근한 색이다. 기쁨을 표현하고 강력하고 따뜻함과 빛을 연상시킨다. 특히 노란색은 검은색과 배치될 때 시선을 집중시키는 효과가 있다.

⑤ 초록색은 자연스러운 색이며 사람의 눈이 가장 인식하기 쉽다. 시원하고 신선한 느낌을 주며 자연의 상징으로 사용된다.

⑥ 파란색은 차가운 색이며, 환상과 자유 및 젊음의 느낌을 준다. 특히 파란색은 얼음을 연상시키기 때문에 흰색과 같이 사용하면 효과적이다.

⑦ 검은색은 죽음, 애도, 슬픔 등과 희망이나 미래가 없는 색의 느낌이 나지만 고귀함, 기품 느낌도 내재되어 있다.

제2절 주방의 위생관리

　식품의 위생과 안전은 국민건강을 위하여 아주 중요한 위치에 서게 되었으며, 법적인 제도 장치도 점점 강화되고 있다. 음식점이나 단체급식 등에서의 식중독 발생건수가 점차 늘어나고 있는 추세이다.

　위생관리의 목적은 주방에서 다양한 식용 가능한 식품을 취급하여 음식상품을 고객에게 직접 제공하는 과정에서 일어날 수 있는 식품위생상의 위해를 방지하고 고객의 안전과 쾌적한 식생활 공간을 보장하는 데 있다.

1. 주방의 위생관리

1) 개인위생 및 유니폼 관리

① 신체는 청결히 하며 위생복은 항상 깨끗하게 유지한다.

② 손은 항상 깨끗이 씻고, 손톱은 짧게 자른다.

③ 화장실에 다녀온 후에는 반드시 손을 깨끗이 씻는다.

④ 손에 상처가 나면 즉시 치료하고 직접적인 조리업무를 하지 않는다.

⑤ 정기적인 신체검사 및 예방접종을 받는다.

⑥ 음식물 앞에서는 기침이나 재채기를 하지 않는다.

⑦ 맛을 볼 때에는 작은 그릇에 덜어 맛을 보며, 조리용 국자 등을 사용하지 않는다.

⑧ 조리사는 항상 자신의 건강을 중요하게 생각하고 과음, 과로, 흡연, 수면 부족 등을 피한다.

(1) 일반규칙

① 고르고 청결하게 깎은 머리

② 머리를 감싸기 위한 풀 먹인 하얀 모자

③ 목에 묶은 스카프

④ 조리복 하얀 상의 : 청결함과 긴 소매

⑤ 조리복 하의 : 청결

⑥ 청결한 손 : 자주 씻어야 하며, 특히 용변을 본 후에는 손을 꼭 씻는다. 어떤 일을 하든지 씻은 손으로 조리작업을 한다.

⑦ 아주 짧고 깨끗한 손톱 : 절대 식당용 칼 등으로 다듬지 말 것

⑧ 흰 앞치마 : 무릎까지 와야 한다.

⑨ 행주 : 청결하고, 잘 말려야 하며, 앞치마의 끈에 부착하여 둔다(더운 냄비를 잡기 위함).

⑩ 신발 : 안전화 착용 의무화, 만약의 사고(화상·충격)에 대비

⑪ 음료·음식·담배 등을 과하게 하지 말 것

⑫ 실습생은 신체 및 복장, 위생이 필수적이다.

⑬ 타인의 건강을 당신의 건강과 마찬가지로 여겨야 한다.

⑭ 당신의 실수로 인하여 음식을 오염시키는 것을 피해야 한다.

⑮ 어떤 상황에서도 청결함(도덕적·물리적)은 조리사가 갖고 있는 직업의식의 표현하게 된다.

(2) 유니폼

호텔의 조리사들이 화장실 이용할 때
모자 앞치마 전용 옷걸이

① 깨끗하게 다림질된 규정된 유니폼을 착용한다.

② 자신에게 맞는 사이즈의 유니폼을 착용한다.

③ 손상된 유니폼은 즉시 교환하여 착용한다.

④ 단추를 풀어 놓거나 형태를 변형시켜 착용하지 말아야 한다.

⑤ 양쪽 소매는 조리시 불편 할 경우 2~3번 접는다.

⑥ 업무시작 전 반드시 유니폼 상태를 점검하고 주방에 들어간다.

(3) 앞치마

① 앞치마는 쉽게 더러워지므로 자주 세탁하여 깨끗하게 착용한다(오염시 수시로 교체).

② 세탁한 앞치마는 구김이 없도록 다림질하여 착용한다.

③ 착용하는 방법은 우선 앞치마를 배에 대고 끈을 허리 뒤에서 둘러 배 왼쪽 우근까지 돌린다.

④ 화장실을 이용할 때는 앞치마와 모자를 착용하지 않는 것이 원칙이다.

(4) 안전화

① 안전화는 물체의 낙하와 충격 및 날카로운 물체로부터 발을 보호하고, 감전사고를 방지하는 데 있다.

② 흰색을 제외한 검은색 계열의 안전화를 착용한다.

③ 바닥이 미끄럽지 않은 것으로 착용한다.

④ 신발의 뒷부분을 구겨 신지 않는다.

⑤ 양말을 반드시 신고 착용한다.

⑥ 더러워진 신발은 깨끗이 세척하여 청결을 유지한다.

(5) 얼 굴

① 수염과 코털은 청결하고 깔끔하게 관리

② 짙은 화장은 피한다.

③ 향이 강한 화장품이나 향수는 사용하지 않는다.

④ 입에서 악취가 나지 않도록 주의하며, 식후에는 양치질한다.

⑤ 시계, 반지, 귀걸이 등 액세서리는 착용하지 않는다.

주방에서 각종 액세서리를 착용하거나 일시적으로 귀에 밴드를 붙여 액세서리를 가리는 행위는 위생과 서비스에 있어 문제가 생길 수 있다. 조리 도중 액세서리를 만지면 금속성분 등의 각종 유해물질이 음식물에 들어가거나 손을 통해 음식을 오염시킬 수 있다.

(6) 손·손톱

① 손톱은 항상 짧게 잘라 깨끗하게 관리한다.

② 손톱에 매니큐어는 바르지 않는다.

③ 조리 등의 업무 시 손은 항상 청결을 유지하여야 한다.

④ 조리 중에 바이오 크린콜로 손소독을 자주한다.

⑤ 매뉴얼에 의한 손씻기를 실행한다.

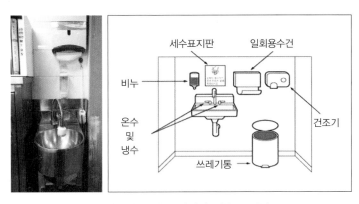

호텔에서 손씻는 장비와 세수 표지판

(7) 모 자

① 앞·뒤를 구분하여 앞쪽부터 쓴 다음 뒤쪽을 살짝 눌러 착용한다.

② 모자는 접지 말고 깨끗하게 사용하며, 지저분해지면 바로 교환한다.

③ 모자 안쪽에 이름을 기입하고, 바깥 면에는 낙서하지 않는다.

④ 머리에 고정시켜 단정하게 착용한다.

(8) 머 리

① 앞이나 옆머리의 머리카락은 모자에서 흘러나오지 않게 잘 정리한다.

② 뒷머리카락은 옷깃에 닿지 않도록 한다.

③ 긴 머리카락은 반드시 Dark 계열의 머리 망을 사용하여 정리한다.

④ 머리망 사용이 불가능한 길이의 긴 머리카락은 반드시 묶는다.

⑤ 실핀은 요리에 들어 갈 수 있으므로 가급적 사용하지 않는 것이 좋다.

2) 식품위생

① 식품이 식중독 및 각종 전염병의 원인균에 오염되지 않도록 조심하고, 의심스러운 식품은 사용하지 않는다.

② 조리할 식품은 미생물에 오염되지 않게 살균한 후 저온에서 단시간 저장한다.

③ 식품의 반입, 저장, 조리 과정에서 유해 물질이 혼입되지 않도록 주의한다.

④ 과일 및 채소류는 흐르는 물에 깨끗이 씻어 사용한다.

⑤ 불량, 부정 식품의 반입을 막기 위하여 식품에 관한 정보를 수집하고, 식품 판별법을 숙지하여 식품 점검을 수시로 한다.

3) 주방위생

(1) 시설위생의 의의

주방을 위생적으로 유지시키는 목적은 위생적으로 음식을 생산하며, 각종 장비의 청결 관리로 시설의 수명을 연장시키고, 식재료의 안전한 유지·보관 및 원활한 사용을 하기 위함이다.

호텔의 주방기구와 바닥 세정장비

(2) 시설위생의 목적

① 위생적인 음식생산

② 각종 장비의 청결관리로 시설 수명연장

③ 식자재의 안전한 유지·보관 및 원활한 사용

(3) 위생적인 시설을 유지하기 위한 사항

① 주방은 항상 깨끗한 상태를 유지할 수 있도록 1일 1회 이상 청소를 한다.

② 주방 실내 온도는 16~20℃, 습도는 70% 정도가 적당하며, 항상 통풍이 잘되도록 환기시설을 가동시킨다.

③ 주방의 조명은 70~100룩스(lux) 정도가 좋으며, 가능한 자연채광 효과를 얻을 수 있도록 한다.

④ 정기적인 방제 소독을 실시하고, 각종 해충을 구제할 수 있는 기본적인 시설관리 대책을 수립한다.

⑤ 주방 관계자 외의 외부인의 출입을 금하고 주방 내에서는 금연한다.

⑥ 폐유(used oil)는 하수구에 버리지 말고, 보관 후 담당자에게 의뢰하여 처리한다.

㉠ 주방청소
- 적어도 매일 1회 이상 청소한다.
- 천정·바닥·벽면도 주기적으로 청소한다.

㉡ 냉장고·냉동고
- 내부는 항상 깨끗하게 사용, 온도관찰에 유의한다.
- 선반과 구석진 곳은 특별히 청결하게 한다.
- 냉장고 청소 후에는 내부를 완전히 말린 후에 사용한다.

㉢ 기기류(믹서, 쵸핑 머신, 스팀 솥, 오븐렌지, 슬라이스 머신)
- 사용 후에는 깨끗이 닦는다.
- 기계 내부 부속품에는 물이 들어가지 않도록 한다.
- 칼날을 비롯한 부속품은 물기를 제거하여 곰팡이나 병원균이 서식할 수 없도록 한다.
- 디프 프라이(deep fry)의 경우 기름은 매일 뽑아내어 거르거나 교체한다.
- 용기는 세제로 세척하여 찌꺼기가 남아 있는 일이 없도록 한다.
- 석쇠(grill)면은 영업종료 후 윤이 나도록 닦는다.
- 스팀(steam) 솥은 조리 후나 세척 후 물기가 남지 않도록 세워둔다.

㉣ 기물류
- 파손이나 분실되지 않도록 사용 후에는 반드시 제자리에 놓는다.
- 주방냄비(주물후라이팬)는 사용상태에 따라 정기적으로 대청소(세척 후 불에 태운다)

- 브로일러(broiler)와 쇠꼬챙이는 사용 후 세척한다.
- 오븐 속에서 자주 사용하는 팬(pan)은 음식물과 기름이 늘어붙어 탄소화 되지 않도록 매번 닦는다.
- 금속재질로 알루미늄이 아닌 것은 과도한 열을 주지 않는다.
- 다음 사용자를 위하여 깨끗이 세척하여 열처리를 마친 후 제자리에 보관 (이때 세제는 사용하지 않는다)한다.
- 칼은 사용 후 재질에 따라 적당한 처리를 한 후 보관한다.
- 도마는 사용 후 깨끗이 씻어 물기를 제거하여 둔다(도마 전용 소독기 권장).
- 모든 기물은 부피가 작은 것이라도 함부로 던지지 않는다.
- 모든 기구나 기물은 주방바닥에 내려놓은 채로 방치하지 않는다.
- 기물세척 시 재질이 서로 다른 기물은 분리하여 세척한다.

(4) 주방수칙

① 주방의 금지사항

- 유효기간이 지난 통조림, 신선하지 않은 생선, 또는 잘 알지 못하는 버섯 및 상한 식품을 사용하지 않는다.
- 구리로 된 집기에 음식을 오래 담아 두지 않는다.
- 냉장실에서 더운 음식과 매운 냄새를 풍기는 음식(썰어 놓은 양파 같은 것)을 넣지 않는다.
- 지저분한 표면을 닦을 때 사용한 스펀지·솔·행주는 그 밖의 다른 용도에 사용하지 않는다.
- 아이스크림을 놓을 때, 비위생적인 물속에 오랫동안 담가져 있던 숟가락을 사용하지 않는다.
- 주방에서 금연한다.
- 요리 위에서 재채기하거나 침을 튀기며 말하지 않는다.
- 코에 맺혀 있는 땀을 닦을 때 손가락이나 부엌 행주를 사용하지 않는다.
- 음식을 식히기 위해 그 위에다 부채질을 하지 않는다.
- 음식의 장식을 위해 사용하는 원뿔형 주머니의 끝을 입으로 빨아 먹어서는 안 되며, 손가락에 침을 묻히지 않는다.

- 공기를 빼내기 위하여 원뿔형 주머니에 입으로 바람을 넣지 않는다.
- 간장에 손을 넣어서도 안 되며, 맛본 후 행구지 않은 숟가락을 담그지 않는다.
- 제대로 감기지 않은 붕대 아래의 상처를 만지지 않는다.
- 건조한 가운데 비질을 하지 않는다.

② 시설관리
- 언제나 충분히 냉동될 수 있고, 청결하고(벽·바닥·도관 등) 완벽한 기능 상태를 보유한 냉장실이 있어야 한다.
- 잘 도금한 구리집기가 있어야 한다.
- 체계적으로 쥐·바퀴벌레 등을 소탕해야 하며, 모든 종류의 동물(고양이·개 등)이 주방에 있어서는 안 된다.
- 집기들은 깨끗하게 늘 제자리에 보관한다.
- 음식장식을 위해 사용되었던 주머니들은 사용 후 항상 삶도록 한다.
- 베인 상처는 물기가 스며들지 않게 붕대로 잘 싸맨 다음 손가락 덮개를 씌워 준다.
- 손톱은 항상 짧게 깎고 손질을 하며, 용변 후에는 꼭 손을 씻는다.
- 쉽게 상할 식품들과 차가운 요리 등은 냉장실에 보관한다.
- 중독증세가 있을 때에는 의사에게 문의한다.

(5) 작업구분과 환경적 분리

주방은 오염구역과 비오염구역으로 구별해서 환경적으로 분리해야 되며, 동선의 흐름을 비오염구역에서 오염구역으로 정하고, 식재료의 흐름은 오염구역에서 비오염구역으로 정해서 깨끗한 식재료가 오염되는 일이 없어야 한다.

(6) 소 독

소독·살균의 방법에는 자비소독, 증기소독, 자외선조사 등의 물리적 방법과 살균, 소독제와 같은 약품을 이용하는 화학적 방법이 있다. 주방에서 사용하는 행주의 경우에는 소독이 필요 없는 일회용을 많이 사용하며, 식기의 경우에는

자동세척기에서 세척과 소독이 동시에 이루어진다.

도마의 세정·소독방법은 중성세제나 클린저를 이용하여 온탕에서 수세미로 잘 문질러 닦은 후 소독하는 것이다.

(7) 청소의 용이성

주방의 위생관리는 주방에서 식품을 다루는 기구와 장비들을 효과적으로 활용하기 위해 청결하게 유지할 수 있도록 하는 관리활동을 말한다. 배치방법에 따라서 청결관리가 용이해지며, 장비의 재료에 따라서 위생적 관리가 쉬워진다. 그리고 바닥, 벽, 천장의 재질은 외관과 함께 청결과 유지 보수가 용이하도록 선택되어야 한다.

4) 전용도마 사용

위생에 있어서 실행하기 쉽지 않은 것이 전용 도마를 사용하는 것이다. 최근 들어서는 대부분의 호텔과 식당의 식품업체에서는 육류용(붉은색), 생선용(노란색), 채소류(푸른색), 완제품이나 과일류(흰색)를 사용하고 있다. 이렇게 전용도마를 사용하면 조리과정에서 발생하는 교차오염을 방지할 수 있다.

컬러도마 사용

5) 종이타월 사용

가능하면 종이타월을 사용하면 교차 감염을 막을 수 있다. 실제 행주 또는 마른타월이라 할지라도 여러 번 사용하는 것으로 인해 교차 감염이 일어난다. 행주 또는 타월은 사용하는 순간 세균의 감염원으로 변하게 된다. 타월을 자주 교체하는 것이 바람직하지만 실제 조리하는 과정에서는 쉽지 않다. 따라서 종이타월은 사용

종이타월 사용

후 곧바로 폐기함으로 인해 세균의 이동을 예방할 수 있다.

2. 보관시설 및 설비의 구조

① 보관실은 제품의 출입 작업이 원활하게 이루어지도록 충분한 넓이의 공간이 확보되어야 한다.

② 청소가 용이하고 청결하게 제품을 보관, 관리할 수 있는 구조로 되어 있어야 한다.

③ 보관실은 격벽 또는 칸막이로 타 장소와 구분

④ 충분한 내구성을 지니며, 여름철에는 보관실 내 온도가 급격히 상승하는 것을 방지하기 위한 유효한 조치를 강구해야 한다.

⑤ 직사광선을 차단하는 구조

⑥ 외부로부터 먼지 등 오염 방지가 가능한 구조

⑦ 외부로 개방된 창 및 흡·배기구에는 철망 등을 설치하고, 출입구에는 자동문 등을 설치하여 곤충이 침입하는 것을 방지

⑧ 조리장 등에서 발생하는 증기 및 냄새가 스며드는 것을 방지하는 구조

⑨ 실내 바닥 등 내벽을 내수성의 재료를 이용하여 축조 또는 치장

⑩ 보관실의 실내 기체 부피에 맞는 흡인력이 있는 환기장치가 설치

⑪ 보관실에는 각 실에 정확한 온도계 및 습도계가 종사자가 보기 쉬운 위치에 설치

⑫ 보관실에는 식품 등을 넣은 용기포장이 직접 바닥에 접촉하지 않도록 보조받침 등을 설치

⑬ 제품의 종류 및 특성에 맞게 냉장실 및 냉동실을 설치

⑭ 보관용기는 유해한 물질이 유출될 위험이 없는 재질로 되어 있어야 하며, 세정 및 소독이 용이한 구조

3. 보관시설 및 설비의 관리

① 보관실은 1주일에 1회 이상 청소

② 곤충 등의 발생 상황은 한 달에 1회 이상 점검하며, 6개월에 한 번 이상 구제작업을 실시하고 그 기록을 1년간 보존

③ 온도계·습도계 등은 정기적으로 정확도를 점검하고 기록

④ 보관실에는 불필요한 물품을 놓지 않는다.

⑤ 보관실 내의 제품은 직사광선 및 고온다습을 피하고 보조받침대 등의 받침 위에 놓아서 보관한다.

⑥ 제품의 보관 수량 및 출입 시 수량·일시 등을 제품의 종류별로 기록 정리. 또한 보관 제품에는 보관 개시 일시를 명시하고 먼저 들어오고 나간 것을 점검

⑦ 냉장·냉동실
- 주 1회 이상 청소
- 항상 필요한 온도가 유지되도록 매일매일 하루 3회 이상 점검
- 제품의 수납은 냉장·냉동실 용적의 70% 이하로 한정시키고 찬 공기가 충분히 대류하도록 수납
- 문의 개폐는 신속하게 하며 최소한으로 줄인다.
- 냉동식품에 있어서는 –18℃ 이하, 또 냉장 보관이 필요한 제품에 있어서는 10℃ 이하로 보관

⑧ 식품이 직접 접촉하는 보관 용기는 하루에 1회 이상 세정 및 소독

4. 기구·비품·식기의 관리

1) 기구·비품의 관리

주방 내에서의 수많은 조리기구, 기기, 비품의 명칭, 사용 목적, 취급 방법 또는 내구년수, 수리 등의 포지션에 있어서의 각자의 파악은 물론 조리장은 전체의 내용들을 파악해야만 한다.

2) 식기관리
① 재고
② 파손체크
③ 추가주문
④ 점검

호텔의 세정 장비

5. 주방장비의 관리요령

1) 오 븐

① 오븐을 열어젖히고 온도를 확인한 후에 분사기를 사용해서 골고루 오븐 클리너를 뿌려 준 후 약 10~15분 정도 기다린다.

② 깨끗이 긁어낸다.

③ 온수 및 뜨거운 물을 뿌려 주며, 자루가 달린 솔을 사용해서 골고루 문질러 남아 있는 오븐 클리너를 완전히 제거한다.

④ 비눗물을 사용해서 오븐 속의 전체를 수세미로 문질러 준다.

⑤ 물을 뿌려서 비눗물을 제거한다.

⑥ 마른 걸레로 오븐 속을 닦아낸다.

⑦ 청소의 횟수는 주당 2회 정도로 한다.

2) 그리들

① 80℃에서 닦는 것이 가장 좋다.

② 그리들 판에 오븐 클리너를 골고루 뿌려 준 다음 약 15~20분 정도 기다린다.

③ 자루가 달린 솔을 사용해서 골고루 문지른다.

④ 뜨거운 물로 씻어낸 다음 비눗물을 사용해서 닦아낸 다음 물기를 제거하고, 기름칠을 해 둔다.

⑤ 재사용 시에는 칠해진 기름을 그리들이 타기 전에 닦은 후 사용한다.

3) 틸팅 팬

① 틸팅 팬은 기울여서 식품을 쏟을 수 있는 팬이며, 음식을 굽고, 삶고, 끓이는 등 용도가 아주 다양하다.

② 우측 손잡이를 돌려서 팬을 기울어지게 한다.

③ 오븐 클리너를 사용해서 뿌려준 다음 10~15분 정도 기다린다.

④ 뜨거운 물로 깨끗이 씻어낸 다음 세척제를 사용해서 닦아낸다.

⑤ 마른걸레질을 해서 물기를 제거한다.

4) 스토브후드

기름때 제거용 강력세척제를 사용한다.

5) 제빙기

① 플러그를 뽑고 전원을 차단시켜 기계를 정지시킨 다음 얼음을 빈그릇에 옮
   겨 담는다.

② 뜨거운 물을 붓고 구석구석 녹인다.

③ 수세미로 비눗물을 풀어서 골고루 문질러 준 다음 맑은 물로 두 번 정도
   깨끗하게 세척한다.

④ 마른 걸레로 깨끗하게 닦아준다.

⑤ 옮겨 담은 얼음을 다시 집어넣고 플러그를 연결한다.

6) 작업대 및 스테인리스 스틸제품

비눗물을 풀어서 1번 정도 닦고 난 뒤 물로 세척하고, 마른 걸레로 비눗물과
물기를 깨끗이 제거해 준다.

7) 천 장

비눗물로 가벼운 세척만으로도 가능하다. 1개월 1번 정도면 충분하다.

8) 배수로

① 드레인 위에 덮어 놓은 쇠철망을 들어서 옆으로 넘어지지 않게 세운다.

② 자루가 달린 긴 비를 이용해서 물과 고여 있는 음식 찌꺼기를 망이 있는
   곳까지 쓸어낸다.

③ 드레인의 뚜껑을 열어젖힌다.

④ 두 손을 여과망의 양 손잡이를 잡고 들어올린다.

⑤ 들어올린 망을 통에다가 쏟아붓는다.

⑥ 들어낸 망을 원위치시킨다.

⑦ 2단계와 3단계에 고여 있는 기름때는 3일에 한 번 정도 기구를 사용해서

퍼내야 한다.

9) 포트 워시

주방에서 사용된 모든 포트류를 닦아야 하며, 닦는 포트류를 각각 분류를 해 놓아야 한다.

10) 기물 세척기

① 수평 회전식 : 좌에서 우로 계속 회전하여 닦고자 하는 기물을 콘베어 벨트 에 꽂아 주면 스스로 돌면서 완전히 세척한다.
② 수직 회전식 : 앞쪽에서는 사용된 기물을 벨트에다 놓아주면 뒤쪽에서 한 사람이 세척된 기물을 빼내야 하기 때문에 상당히 숙달되어야 한다.

11) 폐기물 처리기

폐기물을 처리시에 모터를 시동시키면 날개바퀴가 움직이면서 식품 찌꺼기를 갈고 부셔서 고운 칩으로 만든다. 이것은 배수구로 물에 의해 씻겨 내려가므로, 가동 중 언제나 수도전에서 물을 계속 흘려보내야 한다.

12) 냉동고와 냉장고

① 저장하고 있는 음식물의 가장 적절한 온도를 유지한다.
② 모든 기계의 표면은 쉽게 청소할 수 있어야 하고, 흡수성이 없는 재료를 사용한다.
③ 불의 밝기는 기계 안에서 라벨을 읽을 수 있을 정도로 한다.
④ 기계 안의 선반은 연장을 사용하지 않고도 쉽게 떼어낼 수 있어 청소하기 쉬어야 한다.
⑤ 내부는 날카로운 가장자리나 코너가 없어야 한다.
⑥ 녹이 슬지 않아야 하며, 조각이 나지 않고 금이 가지 않아야 한다.
⑦ 워크인 유닛은 벽과 바닥을 봉합함으로써 틈을 없애 습기나 해충 발생이 없도록 해야 한다.

6. 주방 청소에 유의할 점

① 청소할 때 문지르지 말고 솔로 닦아야 한다.

② 갑판용 솔을 사용하고, 솔질 후에는 뜨거운 물을 많이 부어 씻어내야 한다.

③ 용역 종업원 1~2명에게 철야 작업을 시켜 천장이나 벽 등 청소하기 어려운 곳을 닦도록 한다.

④ 특수 스테인리스 스틸 크리너를 써야 한다.

⑤ 알루미늄 스프레이 페인트를 준비, 녹이 나는 테이블 다리 등을 칠한다.

⑥ 나무로 된 테이블은 전부 스테인리스 스틸로 덮고, 나무도마 대신 플라스틱 도마를 사용한다.

7. 쓰레기 처리와 위생

① 쓰레기통은 새지 않아야 하며, 방수성이 있어야 하고, 쉽게 청소할 수 있고, 해충이 침투하지 못하고 튼튼해야 한다.

② 쓰레기나 폐기물 통은 봉합된 콘크리트에 보관해야 한다.

③ 쓰레기는 정해 놓은 쓰레기통 이외는 쓰레기를 쌓아놓아서는 안 된다.

④ 음식물 준비하는 장소에서는 쓰레기를 될 수 있는 대로 즉시 제거하므로 냄새나 해충 출입을 방지해야 한다.

⑤ 통은 철저히 자주 청소해야 한다.

⑥ 쓰레기통을 씻을 때는 뜨거운 물과 찬물, 바닥 배수시설이 필요하다.

⑦ 분리수거를 철저히 한다(쓰레기통 색깔 또는 봉투색으로 분리수거를 하기도 한다).

8. 쓰레기 처리의 관리

호텔의 쓰레기와 오물은 쓰레기 반 출구를 통해서 호텔 내부로부터 외부로 반출되는데, 이 쓰레기 및 오물의 반출되는 과정에서 쓰레기와 호텔의 재산인 식재

료 및 비품이 쓰레기와 함께 반출시키는 경우가 있기에 철저한 감독과 체크가 요구된다.

9. 세척관리

세척관리는 오염된 식기나 기물 및 기기 등을 세정하고 살균, 건조시키는 과정이다. 한 번 사용한 물건은 세척해야 하며 주방공간에 배치되어 있는 장비나 기물 및 기기는 항상 청결한 상태로 유지해야 한다. 또한 정확하게 숙지하고 있는 것이 위생적이며 사용년도를 늘일 수 있는 방법이다.

1) 세제의 성질

세제는 크게 알칼리성, 중성, 산성제품으로 나눈다. 알칼리성과 산성에는 여러 가지 강도가 있으며 사람의 피부에 닿으면 피부의 손상을 가져온다. 그러므로 이런 세제를 사용할 때는 보호용 장갑을 사용하고 특히 눈에 들어가지 않도록 조심해야 한다. 만약 부주의로 눈에 들어갔을 때는 즉시 흐르는 물로 씻어 응급조치를 한 후 병원으로 가야 한다.

(1) 세제사용 세정법

세정액은 사용 후 바로 온수로 헹구어야 하며, 희석하다가 사용하지 않은 경우에는 헹구어도 다량의 세정액이 기기나 가구류에 남아 있게 된다.

소독제를 사용하여 세정할 때는 식기와 식품의 소독이 필요할 때 이용되는 세척 방법으로 주로 소화기계 전염병이나 식중독 등을 예방하기 위해서 사용된다.

(2) 계면활성제

계면활성제는 수용액 속에서 그 표면에 흡착하여 그 표면장력을 현저하게 저하시키는 물질로 표면활성제라고도 하며, 기름 등과 접하면 흡착하여 물속으로 기름을 분산시킨다.

2) 세제의 종류

(1) 디스탄(Distan)

계면활성제이다. 사용방법은 기물에 묻은 오물을 중성세제나 물을 사용하여 깨끗이 세척한 후 규정에 따라 희석한 디스탄 액을 용기에 담고 은도금된 기물을 디스탄 액에 약 3초 정도 담갔다가 꺼낸 후 더운물로 충분히 헹군다.

(2) 린즈(Linze)

린즈는 계면활성제로 식기세척에 사용되며, 재빨리 건조시켜 주는 작용을 한다. 식기세척기에 부착되어 있는 린즈 드라이 디스펜서에 넣어주고 저장통에 연결시켜 주면 항상 일정한 물량이 식기세척기에 자동으로 투입된다.

(3) 사니솔(Sanisol)

강력한 세척·살균·악취제거 능력을 가진 세제로 계면활성제이며, 안정성이 높은 염소가 다량 함유되어 있는 약 알칼리성 세제이다. 살균력이 강하기 때문에 식기세척기에 사용하면 식기는 위생적인 상태로 세척된다.

(4) 오븐 크리너(Oven cleaner)

계면활성제로 강한 알칼리성 세제이다. 강력한 세척력을 가지고 있어서 기름때와 묵은 때를 쉽게 세척할 수 있다. 피부나 눈에 닿지 않게 주의해야 하며, 부식성이 많아서 깨끗이 헹구지 않으면 스텐 제품도 변색된다.

(5) 론자(Lonza)

계면활성제이며 수질의 부패 방지 및 이끼제거제로 사용된다. 식기세척기의 경우는 약 10분 동안 가동시킨 후 론자를 투입하고 다시 10분 정도 가동하면 이끼나 물때가 완전히 제거된다.

(6) 팬 크리너(Fan cleaner)

계면 활성제이며 중성세제이다. 주로 주방에서 손으로 기물류나 그릇류를 세

척 할 때 혹은 배기후드에 있는 기름때나 벽, 타일 등을 세척할 때 사용한다.

(7) 디프스테인(Dipstain)

알칼리성 세제이며, 세척시 손으로 문지르거나 비비지 않고 간단히 씻어내는 세척제이다.

(8) 액시드 크리너(Acid cleaner)

액시드 크리너는 특수세제와 액시딕 포스페이트의 혼합물로 오물 세척작용과 스케일 제거작용이 강한 세제이다. 청량음료, 접시세척 등에 많이 사용하며 세척 후 깨끗한 물로 헹구어 잔류물이 남지 않게 해야 한다.

10. 행주의 위생

1) 행주의 세균 오염과 소독

행주에 부착된 포도상구균의 제균 효과를 보면 수세만으로도 상당수의 균을 제거할 수 있지만, 실제의 생활에 이용될만한 균 감소는 가져올 수 없기 때문에 소독의 과정을 거쳐야 한다.

2) 행주의 가열살균과 그 후 처리 과정

세 정	중성세제를 써서 세탁
헹 굼	철저히 헹굼
열탕소독	끓는 물 속에서 30분
건 조	자외선 건조, 천일 건조, 풍건

3) 글래스 세척

세척 당시 립스틱 자국이 있으면 솔을 이용하여 닦은 후 글래스 랙에 담아야

하며, 헹굼 물이 충분히 뜨거워지면 닦아내야 한다.

4) 식 기

은식기를 위한 특별한 세척기는 대규모 주방에서 사용된다. 은식기를 닦는 기계는 매우 작은 금속 볼을 가진 물통에서 굴려짐으로써 닦여진다.

5) 타월의 이용

접시나 포크, 나이프 등을 닦아낸 후 물기를 닦아내기 위해 타월을 사용해야 한다면, 타월의 면이 묻어나지 않는 면 타월을 이용해야 한다.

6) Cleaning의 3원칙

① Keep Orderly(항상 정돈된 상태) : 산뜻한 클리니스(Clinis)의 실행과 보다 능률적인 활동을 하기 위해 또 재료의 로스 관리를 철저히 하기 위해 대단히 중요하다.

② Keep Dry(항상 물기 없는 상태) : 우리들이 생활하며 일하는 장소인 업장은 물기가 없고, 밝은 환경과 청결감과 위생면에서 깨끗해야만 잡균이나 곰팡이 등이 번식하지 않는다.

③ Keep Shiny(항상 빛나며 반짝반짝 닦여 있는 상태) : 광택 소재를 세심히 닦아 빛내야 할 것은 빛이 나도록 닦아 청결감을 높여 주어야 한다.

7) 깨끗한 접시와 식기의 저장

잘 닦인 접시는 곧바로 서빙 장소나 주방에 준비되는 것이 좋지만, 나머지 많은 접시들은 깨끗한 선반에 저장되어야 하며, 먼지나 해충, 습기 또는 다른 이물질에 보호되어야 한다.

8) 통풍과 위생

통풍시스템은 연기나 스팀, 기름과 농축 물을 음식물 준비하는 곳과 장비에서 제거해야 한다.

9) 식기류 첫 손질의 중요성

① 스테인리스 스틸 : 세척을 할 때에 제품의 2/3 정도까지 물을 붓고 중성세제
와 식초를 혼합하여 끓여낸 다음 깨끗이 닦아내면 요리과정에서 음식이 눌
어붙거나 변색하는 것을 방지할 수 있고, 광택도 오랫동안 유지할 수 있다.
② 알루미늄 코팅 프라이팬 : 코팅된 프라이팬의 첫 손질은 부드러운 스펀지에
세제를 묻혀 닦아낸 다음 따뜻한 물로 헹구어내고 물기를 없앤 후 식용유
를 얇게 발라주면 코팅이 된다.

10) 가공수지 프라이팬 손질·보관법

① 세제를 사용하여 깨끗하게 닦아준 뒤 곧장 사용하면 된다.
② 요리 후 더러워진 프라이팬은 바로 닦아주어야 한다.
③ 세제 물로 가열된 프라이팬의 때는 쉽게 벗겨지도록 붙어있기 때문에 부드
러운 스펀지로 살짝 문지르면 손쉽게 지워진다.

11) 철 프라이팬 손질·보관법

① 사용하기 전에 미리 길들이는 작업이 중요하다. 강한 불에서 팬을 충분히
달군 뒤에 기름을 팬에 1/3 정도 붓고 가열한다.
② 충분히 가열한 후에는 종이 타월로 깨끗하게 닦아내는데, 기름막이 생기면
요리가 눌어붙지 않고 요리를 쉽게 할 수 있다.
③ 세제를 사용하면 기름막이 지워지므로 뜨거운 물로 씻어주기만 한다.
④ 지단용이나 핫케이크를 만들 때 적당하다.

12) 사용 전 프라이팬 손질방법

① 불소수지 가공팬은 따로 길들이는 작업이 필요 없이 세제를 묻힌 스펀지로
더러움을 제거하면 곧바로 사용할 수 있다.
② 동으로 만든 팬은 시중에 그리 많이 나와 있지는 않지만 먼저 기름을 붓고
약한 불에서 달구다가 약한 연기가 나기 시작하면 기름을 버리는 작업을
2~3회 반복하면서 기름이 베어들도록 한다.

③ 프라이팬에 눌어붙은 때를 제거하는 법 : 먼저 물을 붓고 끓이다가 중성세
제를 한두 방울 떨어뜨려 다시 끓인 다음 부드러운 스펀지로 살짝 문지르
면 눌어붙은 때가 쉽게 떨어진다.

④ 동 프라이팬은 녹 방지를 위해 물로 닦아내는 것은 피한다. 키친타월로 닦
아내기만 하면 되므로 간편하지만 모서리와 바깥쪽에 더러움이 남기 쉽다.

⑤ 철 프라이팬은 사용한 다음에 뜨거운 물로 씻어 주어야 한다. 하지만 세제
를 사용하면 표면의 기름막이 제거 될 수 있기 때문에 녹이 날 수 있으므로
주의한다.

제3절 주방의 안전관리

1. 주방의 안전관리

주방이 안전한 곳이 되기 위한 첫 번째 조건은 안전에 대한 경영자의 자세이
다. 종업원 한 사람 한 사람이 중요하다는 깊은 인식과 경영정신이 우선되어야
한다. 그리고 가능한 한 물리적 구조와 장비의 안전을 확인하는 것과 주방장은
안전교육을 수시로 실시하여 안전사고를 미연에 예방하여야 하는 것이다.

사전에 안전사고를 예방함으로서 사고로 인한 피해를 줄일 수가 있으며, 이것
은 주방장의 중요한 임무 중의 하나이다.

① 각종 기계는 작동방법과 안전수칙을 숙지한 후에만 사용한다.

② 손에 물이 묻어 있거나 물기가 있는 바닥에 서 있을 때에는 전기 기기를
만지지 않는다.

③ 스위치를 끈 것을 확인하고 기계를 조작하거나 청소한다.

④ 전기 기기를 다룰 때에는 스위치를 끈 다음 조작한다.

⑤ 슬라이서, 반죽기, 믹서 등과 같은 장비는 기기의 작동이 완전히 멈춘 상태
에서 식재료를 꺼낸다.

⑥ 작업이 끝나면 장비에 부착되어 있는 장비를 먼저 끄고 플러그를 뺀다.

⑦ 냉동실의 문은 안에서도 열 수 있는지 늘 확인하고 작동 상태를 점검한다.

⑧ 주방에 물청소를 할 때에는 플러그를 비롯한 각종 기계의 스위치에 물이 접촉하지 않도록 주의한다.

2. 안전사고의 유형에 따른 유의사항

1) 주방의 안전관리

① 행주를 칼 위에 올려놓지 않는다.

② 선반의 높은 곳에 액체가 담긴 그릇을 놓아두지 않는다.

③ 칼날을 앞으로 내밀어 들고 다니지 않는다.

④ 젖은 행주로 뜨거운 것을 들지 않는다.

⑤ 음식찌꺼기나 그 밖의 다른 것을 바닥에 버려서는 안 된다.

⑥ 바닥은 물·기름 등을 제거하여 항상 깨끗이 관리한다.

2) 주방의 안전사고 원인과 방지

① 불안전하게 칼을 쓰는 것을 피해야 한다.

② 작업에 알맞은 칼을 사용해야 한다.

③ 날카로운 칼이 무딘 칼보다 안전하다.

④ 칼을 갈 때에는 주의를 기울여야 한다.

⑤ 항시 도마를 사용한다.

⑥ 자신 및 동료들을 보호해야 한다.

3) 화상사고

주방에서 발생하는 화상은 두 가지가 있다. 하나는 뜨거운 물건의 표면에 접촉하여 화상을 입는 경우와 다른 하나는 뜨거운 물이나 기름, 수증기 등에 화상을 입는 경우이다.

① 뜨거운 음식 등을 옮길 때에는 행주나 앞치마를 사용하지 말고, 마른행주나 헝겊 장갑을 사용한다.

② 오븐에서 조리한 후 꺼낸 팬 등은 각별히 주의한다.

③ 튀김을 할 때에는 주변을 깨끗이 정리정돈을 한 후 조리한다.

④ 기름을 사용하는 조리는 기름이 튀지 않도록 유의한다.

⑤ 뜨거운 수프나 끓는 물에 재료를 투입할 때에는 미끄러지듯이 넣는다.

⑥ 열과 스팀이 발생하는 장비를 열 때에는 안전조치를 하고 연다.

⑦ 뜨거운 용기를 이동할 때에는 주위 사람들에게 환기시켜 충돌을 방지한다.

4) 낙상사고

① 몸에 맞는 청결한 조리복과 작업 활동에 알맞은 안전화를 착용한다.

② 바닥에 식용유와 버터, 동물성 지방, 핏물 등의 이물질이 있을 때에는 즉시 제거한다.

③ 주방에서는 뛰거나 서두르지 않는다.

④ 주방 내 정리정돈을 생활화한다.

⑤ 바닥이 미끄러우면 주의 표시를 함으로써 다른 종사자가 피해갈 수 있도록 한다.

⑥ 발이 걸려 넘어질 우려가 있는 곳은 수리하거나 제거한다.

⑦ 출입구나 비상구는 항상 깨끗하고 안전하게 관리한다.

5) 기기류

주방장은 주방 종사원의 안전과 장비의 관리를 위하여 모든 장비의 사용법, 분해, 세척법 등을 수시로 교육시켜야 한다. 기계작동 전 안전장치를 확인하고, 기계의 이상 유무를 먼저 확인해야 하며, 세척 혹은 분해 시에 전원을 끄고 기계가 완전히 정지한 것을 확인한 후에 실시한다.

장기간의 기계사용은 금한다. 작업 중 잡담은 집중을 이완시킨다. 규정된 사용법에 따라서 사용하도록 교육시켜야 한다. 작업 중에 이상이 발생하면 즉시 전원을 차단하고 확인한다.

6) 기 타

대형 냉동고에서 작업을 할 때는 안전수칙을 꼭 지켜야 하고, −20℃ 이하의 냉

동고에서 작업을 할 때는 10분 이상 초과하지 말고 밖에서 쉬었다가 다시 작업하여야 한다.

주방 바닥이 미끄러워서는 안 되며 항상 깨끗하게 청소되어 있어야 한다. 급속한 방향전환을 해서는 안 되고, 가스오븐에 불을 붙일 때는 정면이 아닌 측면에서 해야 한다.

3. 근무 중 발생사고의 원인과 방지방법

1) 사고의 원인

① 불안전한 태도 : 조바심, 권태, 자만심, 부주의
② 불안전한 행동
  • 불필요한 위험 감수
  • 장난을 치거나 야단법석을 떠는 행위
  • 기구나 도구의 부정확한 사용
  • 위험 신호의 무시
③ 불안전한 상태
  • 작업 시 사용하거나 만지는 기구, 도구 등이 부서진 것
  • 안전 보호장치가 없는 상태
  • 방해물 혹은 음식물 등이 떨어져 있는 상태

2) 사고의 방지

① 주의 : 어디로 가고 있는지, 무엇을 자신이 하고 있는지에 주의함으로써 사고를 유발하는 많은 위험을 직감할 수 있다.
② 회피 : 위험을 감지할 때 사고를 방지할 수 있는 방법으로 그 위험을 회피하는 것이다.
③ 행동 : 단체의 작업에서 중요한 요소이다.

3) 물건을 안정되게 들어올리는 방법

① 두 번 들기 : 먼저 가상으로 물건을 들어올린다.

② 물건을 들어올릴 수 있는 가장 쉬운 방법 찾기 : 필요한 경우 도움을 요청해
　　야 하며, 운반용 카트나 다른 기구를 사용한다.

4) 안정된 들어올리기 방법

① 제1단계 : 물건에 가까이 다가가서 두 발을 바닥에 힘 있게 놓는다.
② 제2단계 : 물건을 힘 있게 잡고 몸 쪽 가까이 안는다.
③ 제3단계 : 허리를 똑바로 유지한 채 두 다리의 힘을 이용하여 물건을 들어
　　올려야 한다.
④ 제4단계 : 허리 부상을 최소화하는 방법
　　• 급격한 동작을 삼가한다.
　　• 계속적으로 물건을 들어올림으로써 과로하게 되는 것을 피해야 한다.
　　• 자신에게 너무 과중한 물건을 들어올리는 것을 삼가한다.

5) 물건을 안정되게 옮기기

　주방에서는 각종 조리기기, 접시 등을 운반하는데 있어서 세심한 주의는 물론
정확하게 옮겨 놓아야 한다.

4. 조리과정에서의 사고 원인과 방지

1) 넘어짐

① 자신이 하는 일에, 또 어디로 가고 있는지에 주의를 집중해야 한다.
② 안전 위험물을 회피하고, 미끄러운 바닥과 엎질러진 물 등을 피해서 걷는다.
③ 동료들이나 자신이 버린 것을 줍고 흘려져 있는 것들, 특히 식용기름 등을
　　깨끗이 닦아낸다.

2) 베 임

① 불안전하게 칼을 사용하는 것을 피해야 한다.
② 작업에 알맞은 칼을 사용한다.

③ 날카로운 칼이 무딘 칼보다 안전하다.

④ 칼을 갈 때는 주의를 기울여야 한다.

⑤ 항시 도마를 사용한다.

 ## 제4절 주방 화재 예방

1. 화재 예방

가스사용 시에 안전 이상 유무를 확인하고 배기관 주위와 후드, 필터, 송수관의 청소상태를 항상 점검해야 한다. 자동소화 장비는 정기적으로 점검해야 하며, 주방장비는 철저한 세척으로 이물질을 없애야 한다.

전기배선이나 장비 등은 불량품 사용을 금지하고, 흡연은 흡연구역에서만 한다.

화재 예방을 위하여 확인 점검을 철저히 하여야 하며, 다음과 같은 점에 유의하여야 한다.

① 화재 위험성이 있는 곳을 근본적으로 파악하고 정기적으로 점검하여야 한다.

② 화재 예방에 관한 교육을 정기적으로 시켜 지식을 갖추도록 한다.

③ 소화기를 지정된 위치에 두고 소화기 있는 곳을 누구든지 알 수 있도록 하며, 사용방법을 교육하여 유사시 대비할 수 있도록 한다.

④ 안전 수칙을 준수하고 기계의 수리 등은 전문적인 사람에게 의뢰한다.

⑤ 전선 플러그 등에 물이 들어가지 않도록 세심한 주의를 기울인다.

2. 화재의 종류 및 소화기의 적응 표시

① A급 화재 : 가연성 물질에 발생하는 화재로 연소 후 재로 남는다.

② B급 화재 : 가연성 액체나 기체에 발생하는 화재로 연소 후 재가 남지 않는다.

③ C급 화재 : 전선, 전기기구 등에 발생하는 전기화재이다.

화재의 종류			소화기의 적응표시
A급 화재	－	일반화재 →	○ 백색
B급 화재	－	유류화재 →	● 황색
C급 화재	－	전기화재 →	● 청색

3. 소화기의 종류

1) 포말 소화기

① 구조 : 내부용기와 외부용기에 각각 다른 약품이 넣어져 있어 용기를 거꾸로 흔들면 약품의 혼합과 화학 반응이 빨리되며 배합이 쉽게 이루어져 포말이 품어나온다.

② 사용법 : 용기를 거꾸로 한 후 노즐의 끝을 누르고 용기를 흔들고 난 후 노즐을 불꽃 방향으로 하여야 한다.

③ 주의할 점 : 약품이 얼어붙거나 넘어지지 않게 보관하고 반드시 1년에 1회 약제를 교환한다.

2) 분말 소화기

① 구조 : 축압식 용기 안에 불연성 가스를 축압하여 필요할 때 레버 조정만으로 분말약제가 방출된다.

② 사용법 : 손잡이 옆의 안전핀을 빼고 왼손으로 노즐을 잡고 오른손으로 손잡이 레버를 움켜잡으면 방출되며, 바람을 등지고 사용하여야 한다.

③ 주의할 점 : 직사광선과 습기가 없는 곳에 비치하고 수시로 약제를 점검하고 교환한다. 그리고 한 번 사용한 소화기는 재충전해야 한다.

분말소화기, 하론소화기, 주방천장 부착용 소화기, 간이소화기

상식코너
솔개의 장수 비결

솔개는 가장 장수하는 조류로 알려져 있다. 솔개는 최고 약 70세의 수명을 누릴 수 있는데 이렇게 장수하려면 약 40세가 되었을 때 매우 고통스럽고 중요한 결심을 해야만 한다. 솔개는 약 40세가 되면 발톱이 노화하여 사냥감을 그다지 효과적으로 잡아챌 수 없게 된다.

부리도 길게 자라고 구부러져 가슴에 닿을 정도가 되고, 깃털이 짙고 두껍게 자라 날개가 매우 무겁게 되어 하늘로 날아오르기가 나날이 힘들게 된다.

이즈음이 되면 솔개에게는 두 가지 선택이 있을 뿐이다.

하나는 그대로 죽을 날을 기다리든가 아니면 약 반년에 걸친 매우 고통스런 갱생 과정을 수행하는 것이다.

갱생의 길을 선택한 솔개는 먼저 산 정상부근으로 높이 날아올라 그곳에 둥지를 짓고 머물며 고통스런 수행을 시작한다.

먼저 부리로 바위를 쪼아 부리가 깨지고 빠지게 만든다.

그러면 서서히 새로운 부리가 돋아나는 것이다. 여기서 끝나는 것이 아니다.

그런 후 새로 돋은 부리로 발톱을 하나하나 뽑아낸다. 여기서도 끝이 아니다.

그리고 새로 발톱이 돋아나면 이번에는 날개의 깃털을 하나하나 뽑아낸다.

이리하여 약 반년이 지나 새 깃털이 돋아난 솔개는 완전히 새로운 모습으로 변신하게 된다.

그리고 다시 힘차게 하늘로 날아올라 30년의 수명을 더 누리게 되는 것이다.

정광태의 솔개 노래가 생각날 즈음…… ♬ ♫ ♪

출처 매일경제 연재 〈우화경영〉, 정광호 세광테크놀러지 대표의 글에서

제5장

주방장비와 도구관리

제1절 주방장비의 발전

   조리기구의 역사는 여러 사람들이 먹을 음식을 조리하기 위하여 조리기구들이 생겨나게 되었을 것이다. 처음에는 자연 상태에서 구할 수 있었던 기구들을 이용하여 음식을 익혀서 먹었다. 그 후 조금씩 사회가 발전하면서 질그릇을 이용하였고, 청동기와 철기시대를 거치며 금속류의 주방기구와 장비들이 만들어져서 대량으로 음식을 끓이거나 구울 수 있게 되었다.

   석기시대에는 주로 돌이나 질그릇 등이 주방기구의 주를 이루었고, 철기시대는 철제석쇠와 무쇠솥 및 번철 등 금속류의 주방기구들이 생겨났으며, 전기가 발견된 후로는 전기를 이용한 냉장고나 열기구 등이 생겨났다.

   고대의 유적을 통해 보면 주방기구들에 대한 발전과정을 엿볼 수 있다. 그 후 중세 암흑기를 거치고 산업혁명이 일어나면서 외식산업이 대량화되고, 조리용 기구와 장비가 눈부시게 발전하였다.

   19세기 말에는 전기시설과 냉장기능 및 가스시설을 갖춘 현대식 주방이 등장하였다. 또한 전기를 이용한 냉장·냉동 장비와 동력을 이용한 각종 장비와 열기구들이 등장하였다.

   최근에는 다양한 형태의 조리기구와 장비들이 인체공학을 기초로 제작되고 있다. 조리기구와 장비의 발전과 아울러 조리방법과 기술의 발전이 동시에 이루어지고 있다.

 ## 제2절 주방장비 관리

1. 주방장비 관리의 목적

   주방장비 관리의 목적은 고객에게 높은 품질의 음식과 서비스를 제공하고 고객의 다양한 욕구나 취향 및 기호에 대응하기 위함에 있다. 또한 주방의 모든

장비나 설비를 외식기업의 컨셉과 생산목표 달성에 가장 잘 기여할 수 있는 상태로 유지시키는 데도 목적이 있다. 그러기 위해서는,

- 주방의 생산능력을 최대로 유지할 수 있도록 해야 한다.
- 관리 및 생산비용을 최소화해야 한다.
- 음식상품의 품질을 최정상으로 유지해야 한다.
- 주방종업원의 안전에 최선을 다해야 한다.
- 고객 만족을 최상으로 이루어야 한다.

1) 장비관리의 포인트

장비관리시 중요한 관리 포인트는 다음과 같다.

- 모든 조리장비와 기물은 사용방법과 기능을 충분히 숙지하고, 전문가의 지시에 따라 정확히 사용해야 한다.
- 장비의 적절한 사용용도 외에는 가능한 사용을 금해야 한다.
- 장비나 기물에 무리가 가지 않도록 사용에 유의해야 한다.
- 장비나 기물에 이상이 있을 경우엔 즉시 사용을 중지하고, 적절한 조치를 취해야 한다.
- 전기를 사용하는 장비나 기물의 경우 전기 사용량과 일치 여부를 확인한 다음 사용해야 한다.
- 사용 도중에 전기기관에 물이나 이물질이 들어가지 않도록 항상 주의하고, 청결하게 유지해야 한다.

2. 주방기기의 선택

1) 구입방법

제조업체의 표준상품을 구입할 때는 대부분의 주방 관리자가 제조업체의 제품 카탈로그에 의해 구입하는 경우가 일반적이다. 그러나 좋은 주방기기를 구입하려면 평상시에 주방장비 전시회나 상품광고, 새로 오픈한 주방 등에서 주방기기에

대한 정보를 얻어 새로운 기기에 대한 정보를 끊임없이 습득하는 것이 중요하다.

2) 주방기기 선택시의 주의사항

주방장비나 기물을 선택할 때에는 다음과 같은 점에 유의해야 한다.

- 주방장비의 본질적인 필요성
- 기초구입비용과 관리상 필요한 추가비용
- 사용의 편리성과 규정된 성능
- 특별한 조건에 대한 만족도
- 안전과 위생성
- 모양과 디자인, 색상
- 제반시설과 적합성
- 다루기 편리하고 청결유지 가능
- 사후관리를 할 수 있는 기술지원

(1) 주방장비의 필요성 여부

구매하고자 하는 주방장비들은 각 기능별 선택기준이 서로 달라 서비스 방법과 음식의 양 및 질을 평가할 수 있는 심사기준에 적합한 선택을 한다. 즉 필수적인 것과 기본적인 것, 장비의 활용성, 적절한 가격, 디자인 등을 고려해야 한다.

(2) 비 용

가장 우선적으로 적용시켜야 하는 중요한 항목은 가격에 알맞은 장비나 기물의 정도를 나타낼 검증항목이다. 장비의 구입비용과 기능에 적합한 조리 상품생산이 가능할 때에 장비 구입 가치는 의의가 있다. 장비구입의 비용은 고가이므로 경영전반에 영향을 미칠 수 있다.

(3) 장비의 성능과 편리성

주방장비의 선택요인의 속성 중 성능과 사용방법의 편리성, 안전성도 중요한 요인 중의 하나이다.

- 메뉴에 적합한 기능 : 필요한 기능의 충족, 사용자의 만족도
- 이용과 성능의 부합
- 정비가 좋은 기기는 유지비용이 절감된다.

(4) 만족도

주방장비는 각자가 가지고 있는 특성조건이 매우 다르게 작용하여 고객이 요구하는 일정한 조리 상품을 생산해내는 기능을 가지고 있다. 이러한 특정조건에 부합한 기능의 만족도는 성능별 사용결과에 따라 그 정도를 찾을 수 있다.

(5) 안전과 위생

위생적인 면은 음식의 질과 생산비용뿐만 아니라, 고객의 직접적인 반응에도 영향을 미치므로 위생과 안전은 장비선택의 중요한 요인 중의 하나이다. 기기에 있는 미세한 홈은 세균번식을 돕기 때문에 세척 후 습기를 신속히 제거할 수 있어야 한다. 또한 장비선택의 안전기준점을 확보해야 한다.

(6) 모양·디자인·색상

주방장비는 모양·디자인·색상이 주방의 기준과 건물구조, 그리고 전체 분위기와 맞지 않는다면 바람직하지 못하다. 즉 주방장비는 기기의 설계와 기능에 있어서 사람들의 관심을 끌어야 한다. 디자인 및 색의 적절한 조화는 작업자의 생산성을 높여주고 고객의 신뢰성도 높여준다.

(7) 제반시설과 적합성

전기시스템, 수도시스템, 환기, 가스 등 제반시설과의 적합성도 장비선택의 요인 중의 하나이다. 장비는 단순하면서도 공간을 최대로 활용해야 하며, 디자인·모양·색상 등에서 조화를 이루어야 한다.

3) 주방장비 구입 시의 고려사항

주방장비는 고가이므로 구입할 때 투자비가 많이 들어 주방 장비를 구입할 때는 구입할 장비에 대하여 많은 사항들을 고려해야 한다. 그리고 기기의 초기 구

매가격보다 기기의 생애가치를 고려하는 것이 중요하다.

(1) 주방장비에 대한 고려사항

- 부식이 안 되고, 강도가 높으며, 위생적인 스테인리스 스틸이 좋다.
- 분리조립식 부품은 분해결합이 용이해야 한다.
- 사용하기 편리하게 인체공학적 설계가 되어 있어야 한다.
- 기계작동 시 소음이 없어야 한다.
- 가스, 전기의 종류 및 안전검사 필증이 있어야 한다.

(2) 주방장비 구입 시의 제조회사에 대한 고려사항

- 제조회사의 사업년수는 얼마나 되었는가? (구입 후 회사의 폐업 여부)
- 가격구조는 적정한가?
- 판매원 혹은 제조원에 수리전담반이 있는가?

(3) 주방장비 구입 시 중요한 점

- 주방시설 및 장비는 음식시설의 일부가 된다.
- 장비가 에너지를 절약할 수 있어야 한다.
- 새로운 메뉴 도입으로 새로운 장비의 필요성이 필요
- 판매량의 증가로 새로운 장비의 필요성 여부

제3절 재질에 따른 주방도구의 이해

1. 금속성 재질

(1) 스테인리스 스틸(Stainless steel)

스테인리스 스틸은 주방시설 재료로서 가장 많이 사용되는 재질이다. 재질의

특징으로는 열전달성은 매우 빠르고, 재질이 강하여 음식에 대한 화학적 변화가 거의 없으며, 주로 물청소가 가능한 작업대 및 냉장고 등에 많이 사용한다. 장점으로는 스테인리스 스틸 재질은 화학반응이 잘 일어나지 않으므로 호텔 팬, 소스통과 같이 음식물 보관용 기물로 만들어 사용하면 좋다. 또한 세척하기에 매우 편리한 점이 있어 위생적인 면에서도 뛰어나다.

(2) 알루미늄(Aluminum)

열을 가하는 조리 도구 중 가장 널리 사용되고 있는 재질이며, 가볍고 가격이 저렴하고 열전달이 빠른 장점을 가지고 있다.

(3) 구리(Copper)

구리 재질로 만든 주방 기구는 일반적으로 다양하게 쓰이지는 않지만, 온도에 민감한 조리인 달걀말이 등을 할 때 사용하는 팬에 적합한 재질이다. 구리는 매우 우수한 전도체로서 열을 빠르고 균등하게 전달하는 장점이 있다. 반면에 단점으로는 가격이 비싸고 몇몇 식재료와 화학반응을 잘 일으키고, 재질이 약하여 긁히기 쉬우며, 무거워서 관리하기가 어렵다는 단점을 들 수 있다.

2. 비금속성 재질

(1) 유리(Glass)

열의 저장성은 좋으나 전도율은 낮은 편이며, 음식과의 화학 반응을 일으키지 않는다. 조리과정에는 육안으로 안쪽을 확인할 수 있어 실험 조리도구에 적합하게 이용한다. 그러나 유리 도구는 깨질 위험성이 높기 때문에 일반 조리도구로는 잘 이용하지 않으며 주로 전자레인지용 도구로 쓰인다.

(2) 플라스틱(Plastic)

플라스틱 제품은 열을 가하지 않는 조리 기구로 많이 사용하며, 음식 및 식재료 보관용기로 사용하기에 적합하다.

플라스틱으로 만들어진 주방용품은 가볍고 가격이 저렴한 장점도 있지만, 무

엇보다도 식품과 화학반응을 일으키지 않는 점과 식품의 수분 증발을 방지하여 오랫동안 보관하도록 해준다.

제4절 주방장비의 용도 및 사용법

1. 조리장비

(1) Gas oven range(가스 오븐 레인지)

가스 오븐 레인지는 가장 필요한 장비 중의 하나이다. 윗부분은 레인지가 설치되어 있어 각종 팬과 냄비를 사용한 조리가 가능하고, 아랫부분에 부착되어 있는 오븐의 역할은 굽거나 익히는 요리를 조리할 때 사용할 수 있도록 되어 있는 것이 있다.

(2) Griddle(그리들)

그리들은 두께가 10mm 정도의 철판으로 만들어졌으므로 사용에 앞서 오븐과 같이 예열을 실시하여야 한다. 조리가 이루어지는 철판은 식용유를 이용하여 코팅을 실시하여야 식재료가 눌러붙지 않고 원활한 조리를 할 수 있다.

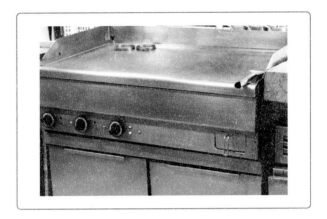

(3) Tilting Skillet(틸팅팬)

틸팅팬은 브레이징 팬으로도 불리며 주방에서 다목적 조리 장비로 다양하게 쓰인다. 주로 굽고, 지지고, 삶고, 조리고, 끓이는 조리에 사용한다. 특히 다른 조리 도구에 비해 한 번에 많은 양을 조리할 수 있으며 매우 효과적인 조리 장비라 할 수 있다.

(4) Deep Fryer(튀김기)

튀김기는 높은 온도의 기름으로 많은 양의 튀김 재료를 튀겨 내기 위해서 사용하는 장비로서 열원으로 가스 또는 전기를 이용한다.

(5) Convection oven(컨벡션 오븐)

전기를 이용하여 뜨거운 열을 발생시킨 후 오븐 내부에 부착되어 있는 송풍기로 공기를 순환시켜 조리하는 오븐이다. 이처럼 뜨거운 공기를 순환시켜 조리를 함으로서 일반적인 오븐보다 조리가 빠르고 균등한 조리가 가능하다. 대류식 오븐은 내부에 수분을 공급할 수 있는 시설이 장착되어 있어 조리 중 필요한 수분을 적당히 공급할 수 있으므로, 음식을 마르지 않게 조리할 수 있는 장점이 있다.

(6) Induction Range(인덕션 레인지)

인덕션 레인지의 원리는 고효율의 자기력선 유도 기술을 응용한 것으로, 전기로 자기력을 발생시키는 원리를 이용한 장비이다. 즉 그릇 바닥 또는 용기 전체에 전기 소용돌이 효과를 일으켜 열을 발생시킴으로서 에너지의 경제성, 편리성이 우수하다.

(7) Steam Kettle(스팀 케틀)

스팀 케틀은 데치기, 삶기, 끓이기 등의 습열 조리를 하기에 매우 효율적인 장비로서 일반적으로 국솥이라고 부른다. 사용 용도는 지원 주방에서 수프, 육수, 모체 소스를 대량으로 생산할 때 사용하며, 그 밖에 볶기 등의 조리가 가능하므로 사용도가 매우 높은 장비라 할 수 있다.

(8) Microwave oven(전자레인지)

식품 자체 내에 있는 수분의 원소 변화로 조리가 진행되므로 열효율이 매우 높다.

(9) Grill(그릴)

그릴은 석쇠 아래의 불꽃으로 직화 구이를 할 수 있게 만들어진 장비이다. 특히 석쇠를 통하여 스테이크의 격자 모양을 낼 수 있으므로 스테이크나 생선 등을 구울 때 많이 사용한다.

(10) Broiler & Salamander(브로일러와 살러맨더)

일반적인 가열 조리 장비와는 달리 브로일러와 살러맨더는 불꽃이 위에서 아래로 내려오도록 되어 있어 스테이크나 생선굽기를 할 때 사용하는 대표적인 주방장비이다.

(11) Smoker(훈제기)

훈제기는 가열 및 훈연 발생 장치에서 훈연 재료인 나무 및 스파이스를 불완전 연소시켜 발생한 연기를 이용하여 육류, 가금류, 생선류, 소시지, 햄 등의 풍미 및 저장시간을 높이기 위해 사용하는 장비이다.

(12) Bakery Oven(베이커리 오븐)

베이커리 오븐은 베이킹에 적합한 장비로서, 오븐 속 공기의 대류 현상을 이용하여 주로 과자나 빵을 구울 때, 또는 피자를 굽기 위해 오븐으로도 사용한다.

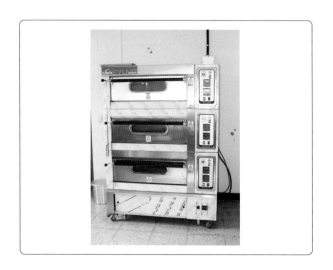

(13) Rice Cooker(조리용 밥솥)

밥을 많이 필요로 하는 단체 급식소에서 주로 사용하는 밥솥이다.

(14) Toaster(토스터)

식빵을 전문적으로 굽기 위한 장비이다.

(15) Waffle Machine(와플기)

커피숍 주방에서 조식을 준비할 때 밀가루 반죽을 만들어 즉석에서 와플을 굽기 위한 장비이다.

(16) 중화레인지(Chinese Range)

송풍기에 의한 높은 가스 방출로 강력한 화력을 얻을 수 있는 레인지의 형태이다.

(17) Steam Table

조리된 음식물의 보온을 유지하기 위하여 사용된다.

(18) 브레이징 팬(Tilting Skillet or Braising Pan)

가스나 전기에 의하여 팬을 가열시키며 볶음, 삶음 등 다양한 용도로 사용이 가능하며 세척이 용이한 면이 있다.

(19) 가스 국수솥(Gas Noodle Kettle)

한식에서 많이 사용하며 국수 및 냉면 등을 끓이는데 사용한다.

2. 조리 준비용 장비

(1) Slicer(슬라이서)

슬라이서는 찬 요리 주방에서 채소류와 콜컷(소시지)류 등을 얇은 규격으로 썰 때 사용한다.

(2) Flour Mixer(혼합기, 믹서)

고기나 채소 등을 혼합하는 혼합기로 주로 소량의 식재료를 섞는 데 이용한다.

(3) Food Chopper(푸드차퍼)

푸드차퍼는 많은 양의 식재료를 균등한 크기로 잘게 다져 주는 장비이다.

(4) 푸드 프로세서

분쇄기의 일종으로 땅콩, 호두 등과 같은 넛트류의 다지기, 생선의 무스 등 다양한 작업을 할 수 있다.

(5) Blender(블렌더)

재료를 혼합하고 다지고, 즙을 만들고, 잘게 부수고, 가루를 만드는 과정 등에
사용하면 편리하다.

(6) 육절기

육절기는 육류가공 주방에서 뼈가 있는 갈비와 냉동된 고깃덩어리를 자를 때
사용하는 기기이다.

(7) 육류 다지기

조리에 필요한 고기를 결합한 칼날의 크기에 따라 일정하게 다질 때 사용하는 기기이다.

(8) 골절기(Mewt Saw)

육류의 뼈를 자를 수 있는 강력한 기기로써 톱날의 작동 중에 무리한 힘을 가하면 톱날의 파손으로 부상을 입을 우려가 있다.

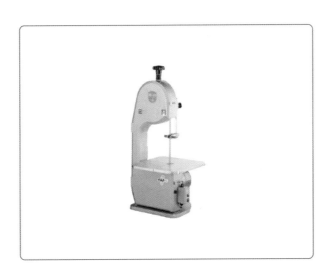

(9) Pie Roller

반죽의 두께 및 속도 조절이 가능해 대량의 작업이 이루어질 수 있으며 작업
후 접어서 보관할 수도 있어 편리하다.

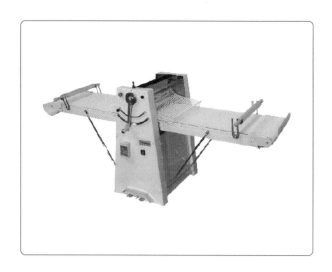

(10) 야채 절단기(Vegetable Cutter)

많은 양의 야채를 자르는 데 사용한다.

3. 기타 장비

(1) 서랍 부착 작업대(Work Table W / drawer)

작업대에 서랍이 부착되어 있는 형태로서 간단한 소기물이나 수납이 가능하다.

(2) 이동 작업대(Movable Work Table)

밑 부분에 롤러가 부착된 작업대로서 필요에 따라 장소의 이동이 가능하다.

(3) 세정대(Sink Table)

주방의 구조에 따라 크기와 배치가 다를 수 있으며 작업자의 평균 신체에 맞추어 허리나 근육에 무리가 가지 않도록 만들어야 한다.

(4) 잔반 처리대(Soiled Dish Table)

식사가 끝난 접시를 일차적으로 처리하는 테이블, 접시 세척기와 같이 설치한다.

(5) 건조대(Clean Dish Table)

세척이 끝난 식기를 건조하기 위해 설치하는 테이블이다.

(6) 식기 보관기(Cabinet)

많은 양의 식기를 위생적이고 안정적으로 보관하는데 사용되며, 수시로 바닥 및 내부를 세척 소독하여야 한다.

(7) 소독보관고(Sterilizer)

식기류의 열풍소독 및 보관용으로서 열풍의 강제 순환에 의해 식기에 열이 골고루 전달되며, 이 열에 의해 소독 효과를 볼 수 있다.

(8) 냉동 냉장고(Freezer and Refrigerator)

냉장고와 냉동고가 함께 있는 것으로 음식물을 냉장, 냉동 보관할 때 사용한다.

(9) Kitchen Wagon

여러 칸에 필요한 물건을 넣고 보관하거나 이동하는데 사용된다.

(10) 커피 머신

커피 원두의 분쇄에서 추출까지 원터치로 작동되는 최첨단 커피 기기이다.

(11) 제빙기

일반 주방과 제과 · 제빵 주방에서 사용하는 장비로서, 필요한 양만큼 주사위
모양의 얼음으로 만들어낸다.

(12) 진공포장기

주방에서 사용하는 식재료 및 완성된 식품을 장기간 보존하기 위해서 진공포
장을 하는 기기이다.

4. 조리기구의 용도 및 사용법

1) 포트와 팬

(1) 스톡포트

스톡포트는 육수를 끓일 때나 육수를 보관할 경우에 사용하는 용기로서 바닥의 면적보다 높이가 높은 형태로 만들어져야 한다.

(2) 스튜팬

스튜팬은 소스포트라고도 하며 스톡포트보다는 높이가 낮고, 밑면이 높이보다 넓어서 조리 중 주걱으로 쉽게 저을 수 있어야 한다.

(3) 브레이징 팬

브레이징 팬은 브레이징 조리가 가능하도록 높이가 낮고 바닥이 두꺼우며, 뚜껑이 있어야 한다.

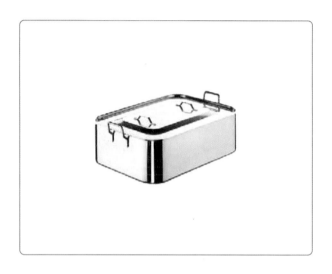

(4) 소스팬

소스팬은 소스포트보다는 가벼우며, 높이가 낮고 용량이 작다. 소스포트는 손잡이 핸들이 양쪽에 두 개가 있는 반면에 소스팬은 긴 핸들이 한 개 있다.

(5) 소테 팬

영업장 주방에서 많이 사용하며 볶기, 튀기기, 색깔내기에 이용하거나 소스 및 육수 등을 졸이는 데 사용한다.

(6) 중화 프라이팬

중식 주방에서 많이 이용하는 바닥이 둥근 팬으로서 식자재를 센불에서 재빨리 볶아낼 수 있다.

(7) 시트 팬

케이크, 롤, 쿠키 등을 구울 때에나 육류, 가금류의 브로일링에 사용한다.

(8) 로스팅 팬

육류와 가금류의 로스팅에 사용한다.

(9) 생선 케틀

생선을 통째로 찌거나 길게 저민 생선을 찔 때 사용한다.

2) 조리용 도구와 기구

(1) 푸드 밀(Food Mill)

푸드 밀은 조리된 채소나 감자 수프 등을 퓌레로 만들면서 걸러 줄 수 있도록 되어 있다.

(2) 감자 으깨기(Potato Ricer)

감자를 삶아 쉽게 으깰 수 있도록 해주는 기구이다.

(3) 스키머(Skimmer)

육수나 액체의 불순물을 제거하거나 음식을 들어내는 데 사용하는 긴 손잡이가 달린 채의 일종이다.

(4) 소스 래들(Sauce Ladle)

바깥쪽으로 흐를 염려가 없는 국자로 소스를 음식에 끼얹을 때 사용

(5) 러버 스패튤러(Rubber Spatula)

고무 재질의 주걱으로 음식을 혼합하거나 모을 때 사용

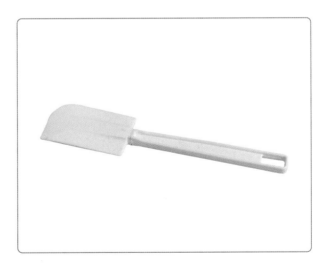

(6) 테린, 빠떼 몰드(Terrine, Pate Mould)

포스 밑을 넣고 테린이나 빠떼를 만들 때 사용

(7) 그레이터(Grater)

치즈, 레몬껍질, 채소 등을 갈 때 사용

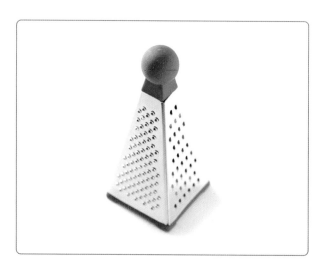

(8) 만돌린/다용도의 채칼(Mandoline)

얇게 슬라이스하거나 벌집, 고프레 모양으로 잘라낼 때 사용

(9) 시트 팬(Sheet Pan)

식재료를 담아 보관하거나 요리 할 때 사용. 음식물을 담아놓을 때 사용(밧드 라고도 함)

(10) 핸드 블렌더(Hand Blender)

수프나 소스, 음식물을 곱게 만들 때 사용

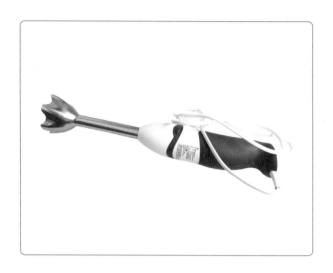

3) 다양한 도구

(1) 파리지엔 나이프(Parisian knife/Ball Cutter)

과일, 채소류를 원형으로 파낼 때 사용

(2) 스트레이트 스패튤러(Straight Spatula)

케이크에 크림을 바르거나 작은 음식을 위생적으로 옮길 때 사용

(3) 오이스터 나이프(Oyster Knife)

굴 껍질을 열 때 사용

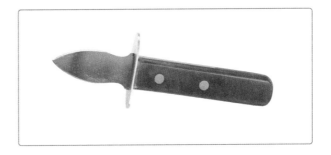

(4) 그릴 스패튤러(Grill Spatula)

뜨거운 음식을 뒤집을 때와 옮길 때 사용

(5) 샤퍼닝 스틸(Sharpening Steel)

무뎌진 칼날을 세울 때 사용

(6) 롤 커터(Roll Cutter)

익은 피자나 제과용 얇은 반죽을 자를 때 사용

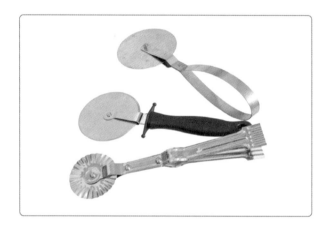

(7) 제스터(Zester)

오렌지, 레몬 등의 껍질을 벗길 때 사용

(8) 샤넬 나이프(Channel Knife)

당근, 오이, 호박 등 채소류에 홈을 낼 때 사용

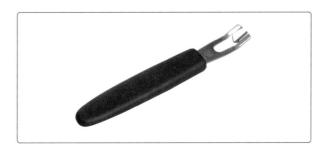

(9) 치즈 스크레이퍼(Cheese Scraper)

단단한 종류의 치즈를 얇게 긁어 낼 때 사용

(10) 버터 스크레이퍼(Butter Scraper)

버터를 모양 내서 긁어 낼 때 사용

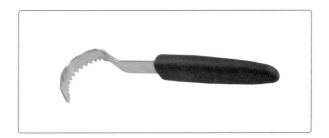

(11) 애플 코러(Apple Corer)

통사과의 씨 부분을 제거할 때 사용

(12) 위스크(Whisk/Balloon Whisk)

재료를 혼합하거나 거품을 낼 때 사용

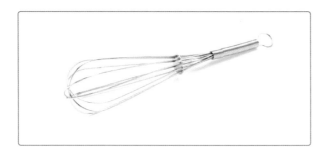

(13) 자몽 나이프(Grapefruits Knife)

자몽을 반으로 잘라 살만 발라낼 때 사용한다. 양식 조찬에 주로 사용

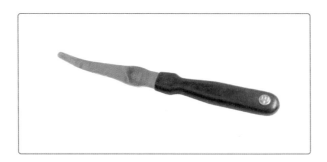

(14) 미트 텐더라이저(Meat Tenderizer)

고기를 두드려서 연하게 만들 때, 생선을 넓게 펼칠 때 사용

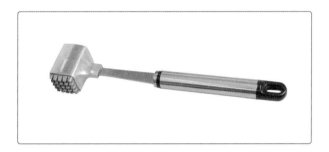

(15) 샤퍼닝 스톤(Sharpening Stone)

무뎌진 칼을 갈거나 날을 세울 때 사용

(16) 와이어 브러시(Wire Brush)

그릴 기름때를 제거할 때 사용. 주물의 녹을 제거할 때 사용

(17) 키친보드 : 도마(Kitchen Board)

재료를 썰거나 다질 때 받침으로 사용, 요즘은 색깔별로 육류, 생선류, 과일류
등을 나누기도 한다.

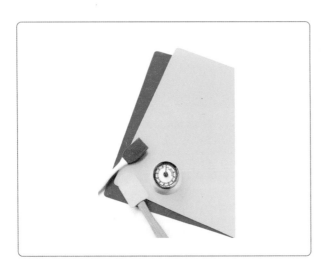

(18) 페퍼 밀(Pepper Mill)

통후추를 잘게 으깰 때 사용

(19) 아스파라거스 필러(Asparagus Peeler/Tong)

아스파라거스의 껍질을 제거할 때 사용

(20) 피시 스케일러(Fish Scaler)

생선비늘을 제거할 때 사용

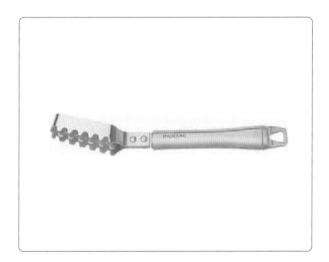

(21) 급속냉각기

음식물이나 소스, 스톡을 만들어 빠르게 냉각

(22) 입실냉장, 냉동고

대량의 음식을 만들고 보관하기 때문에 사람이 직접 들어갈 정도의 큰 냉장, 냉동 시설이 필요

제5절 주방장비와 도구관리

1. 주방장비

1) 검수 및 저장구역

(1) 냉동고·냉장고

냉동기의 냉동원리는 냉동기에 있는 증발기 속에 있는 액체 냉매로 인해 열이 흡수되는 것인데, 이 작용은 냉매가 액체에서 기체(증기)로 변할 때 일어난다.

① 창고형 냉장·냉동고 : 사전 조립형과 붙박이형의 두 가지 종류의 창고형 냉장·냉동고가 많이 쓰인다. 냉각시스템은 위나 옆 혹은 조금 떨어진 곳에 설치할 수 있으나 냉각장치에서는 열이 발생하므로 충분한 공간과 환기 시설이 있어야 한다.

② 선반형 냉장·냉동고 설치시의 주의사항은 다음과 같다.
  • 식재료의 반입·반출이 용이하도록 디자인되어야 한다.
  • 청소 및 배수관계를 확인한다.
  • 작업상의 안전문제에 대비하여 내부에서도 문을 열 수 있도록 한다.
  • panel의 단열성, 냉동기의 성능, 온도조절 및 확인장치를 부착한다.

(2) 급속냉각기

급속냉각기는 음식을 신속히 냉각시켜 줌으로서 음식이 식는 과정에서 급속한 박테리아의 성장이 가능한 온도에 머무는 시간을 최대한 단축시켜 준다.

① 해동기 : 냉동상태의 식품을 해동할 때 해동기 속에서 서서히 해동하여야 식품에 손상을 최소화하며 해동할 수 있다.

② 빙온고 : 어류를 신신하게 보관, 저장하기 위해서 식품이 얼기 직전의 온도, 즉 빙온에서 저장하는 항온 고급 저장고이다.

③ 냉 테이블 : 냉동, 냉장고를 조리대와 작업대로 겸해서 사용할 수 있도록 만
든 제품이다.

④ 숙성고 : 온도 센서기능과 온도 조절기능이 강화된 냉장고로, 육류나 김치
등을 숙성시킬 수 있는 기능을 가진 냉장고이다.

2) 전처리 공간

(1) 믹서기

제과·제빵 주방에서 빵 반죽을 섞을 때 많이 사용하며, 드레싱 혹은 휘핑크
림 등을 섞을 때 사용한다.

(2) 푸드 프로세서

① 블랜더 : 야채나 과일 등으로 주스를 만들거나 곱게 갈 때 사용한다. 장시간
노출되면 과부하로 인한 기계의 손상이 오므로 고속회전을 장시간 사용하
면 안 된다.

② 버팔로 차퍼 : 채소와 육류 및 기타 다양한 식품을 처리할 수 있지만, 전원
을 차단한 후 작업해야 하며, 안전사고에 신경써야 한다.

③ 직립 커터 믹서기 : 곡선형으로 장착되어 있어서 칼이 고속 볼의 내부를 회
전한다. 이것은 식품을 단시간에 자르고, 섞고, 혼합하는 데 이용된다.

(3) 감자 탈피기

대량의 감자 껍질을 벗길 때 사용하는 기기로 작동 시에는 소량의 물을 공급
해 주어야 한다.

(4) 미트 그라인더

고기 등을 혼합하여 갈아내는 기기로, 재료가 앞쪽으로 밀려나가고 칼날이 앞
에 있는 몰드의 구멍을 통해 밀려나간 재료를 잘게 다지게 된다.

(5) 야채 절단기

많은 양의 야채를 자르는 데 사용되며, 다양한 야채를 여러 모양으로 절단할 수 있다. 다양한 종류의 기기들이 있는데, 여러 가지 형태로 자를 수 있는 칼날이 있으며, 필요한 칼날을 선택하여 작업할 수 있다.

(6) 진공 포장기

육류나 생선, 야채 등을 부패 또는 공기와의 접촉에서 막기 위하여 진공상태로 공기를 제거하여 포장하는 기계이다.

(7) 야채 세척기

싱크와 컨베이어를 이용하여 야채 세척을 쉽게 해주는 기기이다.

3) 제과·제빵의 기기류

작업대 상판이 전도율이 낮은 나무로 된 작업대를 사용해야 하나 요즘은 대리석을 주로 사용한다.

(1) 파이 롤러

동력에 의해 작동하는 대형 금속 회전 롤의 기능을 한다. 롤러 사이에 삽입하면 양쪽으로 왕복하면서 종이처럼 얇게 펴지게 된다.

(2) 롤 디바이더 / 라운더

롤 디바이더 / 라운더는 필요한 반죽을 균등한 조각으로 나누고 나누어진 조각을 둥글려 둥글게 만들어준다.

(3) 발효기

균일한 습도를 유지해 주는 열 캐비닛이다. 가열장치는 물을 담는 상자를 달고 있어서 증기를 발생시키게 된다.

(4) 발효 지연기

발효 지연기는 차가운 공기를 이용하여 이스트의 발효를 지연시키는 기능을 한다. 이스트 빵의 도우를 굽기 전에 일시 보관하는 장소이다.

(5) 아이스크림 머신

원하는 아이스크림 제조방법에 따라 식재료를 계량하여 살균소독 탱크에 넣고 냉각시킨 후 다시 회전 냉각시킨 후 다시 회전 냉각 거품기포 장치에 넣고 작동시켜서 아이스크림을 제조하는 설비이다.

(6) 냉장고와 마블테이블

위쪽은 대리석으로 되어 있고 아래쪽은 냉장고 작업대 겸용 테이블로써 온도 조절이 요구되는 제과·제빵용 작업대이다.

(7) 자동 빵 성형기

숙성된 반죽을 자동 빵 성형기에 넣으면 원하는 크기로 자동으로 분할하고 성형까지 해주는 장비이다.

(8) 테이블 믹서

테이블에 올려놓을 수 있는 작은 믹서로서 소량의 반죽이나 휘핑크림을 만들 때, 계란을 기포할 때 등에 사용한다.

(9) 식빵 슬라이서

식빵을 균일하게 자르는 기기

(10) 발효실 겸용 도너츠 프라이어

튀김기와 발효실을 일체화한 도너츠 전용 프라이어

4) 세척구역 장비

(1) 식기 세척기

식기 세척기는 전기를 동력으로 이용하여 식기를 자동으로 닦아주는 기기로 주방에서는 그 운영비용이 가장 높은 기기 중의 하나이다. 세정의 원리는 물의 압력에 의한 물리적 작용의 세정과 세제 등의 화학적 작용에 의한 세정, 고온수에 의한 세정, 소독작용이다.

(2) 진동 솔 싱크대

싱크대에서 뜨거운 물을 세제와 함께 연속적으로 고속회전시킴으로써 냄비와 팬에 남아 있는 음식찌꺼기를 제거한다.

(3) 세정대

싱크통에 따라 1조 세정대와 2조 세정대가 있으며 규격 제품도 많이 있지만 주방의 구조에 따라 제작을 하는 경우가 많다.

(4) 잔반 처리대

식사가 끝난 식기를 일차적으로 처리하는 테이블로서 식기세척기와 같이 설치한다.

(5) 건조대

세척이 끝난 식기를 건조하기 위해 설치하는 테이블

상식코너
고급호텔이나 레스토랑의 과일은 왜 달고 맛이 있을까?

고급식당이나 호텔에서는 구매나 검수를 하는 부서가 따로 정해져 있다. 이러한 부서에서 매일매일 들어오는 과일의 농도를 체크하는 당도측정기를 가지고 검사를 하고 품질이나 당도가 떨어지는 재료는 교환하거나 반품을 하게 되는 것이다.

브릭스 당도 또는 브릭스(Brix)는 과일이나 와인과 같은 어떤 액체에 있는 당의 농도를 대략적으로 정하는 단위로, 독일 과학자인 Adolf F. Brix가 역시 당의 농도를 결정하는 Balling 척도를 개선한 것이다. Sample 중에 함유된 가용성 고형분의 % 농도를 말한다. 기본적으로 브릭스는 샘플액 100g 중에 함류된 설탕의 g수를 표시한다.

과일·채소류 음료의 100% 착즙액 기준당도(Brix°)는 다음과 같다.

① 포도, 배 : 11° 이상

② 사과, 라임 : 10° 이상

③ 귤, 자몽, 파파야 : 9° 이상

④ 배, 구아바 : 8° 이상

⑤ 복숭아, 살구, 딸기, 레몬 : 7° 이상

⑥ 자두, 멜론, 매실 : 6° 이상

기준치 이상이 나오면 맛이 있다는 어느 청과류 유통업자는 신선도나 저장상태(저장과일의 경우) 착색 정도 또한 중요하지만 브릭스(당도)가 과일(과일마다 기준당도가 틀림).

ex 사과 14(Brix), 포도 20(Brix), 수박 12(Brix) 등의 평균당도를 미치지 못하면 일단 맛없다는 생각이 들기 때문에 청과류 유통시장에서 가장 중요한 단위라는 말이 있었다.

당도 측정 기구

제6장

주방기물의 종류 및 취급

제1절 기물의 구입과 관리

1. 기물 구매관리

1) 기물 구매의 의의

기물 구매관리는 최소 비용의 능률적인 구매를 통해 원가절감으로 기업의 경제적 목적을 달성하는 이익을 창출하는 과정으로 새로운 사업 분야로 인식되어야 한다.

① 기기 및 기물 구매형태 : 구매관리는 이러한 특성에 맞게 각각 구분하여 구입하는 절차가 필요하며, 구매 업무를 수행하는 방법, 과정은 각 호텔 및 외식업에 각기 다른 시스템을 갖추어야 한다.
② 기기 및 기물의 구매과정 : 구매의 필요성 인식→기물요건 기술→거래처의 산정 및 확보→구매가격 결정→발주 및 사후 점검→송장 점검→차이에 대한 처리와 반품→기록 및 장부관리

2) 표준 구매 기물 명세서
① 표준 구매 기물 명세서 설정의 목적
② 표준 구매 기기 및 기물 명세서 설정의 절차
③ 표준 구매 명세서의 기술사항

3) 기기 및 기물의 구매방법

구매 명세서에 따른 견적 형식을 취한 개방 구매방법과 경쟁적인 구매방법을 이용 제한이 따르는 경우의 반 형식적 구매방법, 일반적으로 공개경쟁 입찰과 같은 형식적인 구매방법이 있다.

4) 기기 및 기물 구매업무의 관리통제

5) 검수관리

구매의 계약과 주문에 따른 내용이 품질과 수량, 가격이 합당한지의 평가가 검수의 근본 목적이다.

6) 검수의 절차

① 구매 발주서
② 거래 명세서
③ 수령 확인인
④ 반품

7) 기기 및 기물의 재고관리

일정수준의 매출과 일정 수준 파손과 분실 등을 감안하여 구매를 예상하여 적정 보유량을 유지하도록 해야 한다.

8) 기기 및 기물의 재고관리의 절차와 과정

① 주문량의 결정
② 기물의 보관관리
③ 기기 및 기물의 단위 영업장으로의 출고
④ 기기 및 기물의 재고조사

9) 호텔 및 외식업의 형태 분류에 따른 구매결정

(1) 호텔의 식당 경영 형태에 따른 기물 구매 분류

① 레스토랑 : 주방의 기기 및 기물 등과 홀에서 사용되는 각종 기자재들이 고급스러워야 한다.

② 다이닝 룸 : 그 음식의 코스에 맞는 다양한 접시 및 글라스 등 각종 기물이

필요하다.

③ 그릴 : 조식기물과 점심기물 또는 석식기물 등이 각기 달리 사용되기도 한다.

④ 카페테리아 : 약간 대중적인 기물들이 사용되어야 좋다.

⑤ 커피숍 : 주방의 기기 및 기물들과 홀에 이 모든 것을 동시에 추구할 수 있는 것으로 구매되어야 한다.

⑥ 다이닝 카 : 쉽게 사용할 수 있는 기물들이 구매되어야 하며, 특히 기차 안의 기물들은 쉽게 파손되지 않는 기물들을 선택해야 한다.

⑦ 드라이브 인 : 파손의 우려와 도난의 우려를 방지할 수 있는 기물을 선택하여야 한다.

⑧ 인더스트리얼 레스토랑 : 비영리 목적의 급식사업 식당으로 튼튼하면서 실용적인 기물류 등을 필요로 하고 있다.

(2) 음료, 바의 형태에 따른 분류

① 메인바 : 편리성과 고풍스러움을 갖춘 것이어야 한다.

② 라운지 : 각종 카나페 등을 제공할 기물 등과 글라스 등이 필요하다.

③ 나이트클럽 : 멋보다는 단순하면서 단단한 것이 좋을 것 같으며, 조금은 세련된 것이 좋다.

④ 멤버스 클럽 : 편안함과 우아함에 맞는 기물들이 필요하다.

10) 연회장의 경영 형태에 따른 기기 및 기물 구매형태

① 테이블 서비스 파티에 따른 기기 및 기물 구매 : 음식의 메뉴도 정찬 메뉴로 이루어지는 경우가 많으므로 코스별로 다량 마련되어야 한다.

② 뷔페 파티에 따른 기기 및 기물 구매 : 뷔페 기물과 각종 접시들이 준비되어야 한다.

③ 댄스파티에 따른 기기 및 기물 구매 : 야외나 가든에 어울리는 기물들이 구매되어야 한다.

④ 칵테일파티에 따른 기기 및 기물 구매 : 손으로 들고다닐 수 있는 작은 접시와 음식을 진열할 수 있는 기물들이 구매되어야 한다.

11) 주방기기 구매할 때 주의점

① 주방기기 하나하나의 부품수와 재질에 대한 내용을 파악한다.

② 주방 책임자와 충분한 의견을 교환한다.

③ 제시하는 견적가격이 어떤 유통단계에서 작성되었는지를 파악한다.

④ A/S조직을 갖고 있는지를 확인한다.

⑤ 업체별 따로 구입하면 가격 면에서 유리하지만, 설치와 A/S에 문제가 발생할 수 있다.

⑥ 최소한 1년 이상은 A/S기간을 보장받아야 한다.

⑦ 전문가의 자문을 받는 것도 좋다.

⑧ 실제 운영에서 과거의 경험과 관찰에 기초를 두어야 한다.

⑨ 비용 기계의 초기비용과 차후 운영비용이 투자를 가치 있게 할 것인가 확인한다.

⑩ 모든 작동 부품들에 보호장치가 되어 있는지 확인한다.

12) 호텔 및 외식업의 기물 사용 흐름도와 역할 분담

① 집기관리부 : 매우 중요한 부서로 거듭나야 하며, 이익을 남기는 핵심부서이다.

② 주방 : 각종 파티의 기물 등을 행사가 있을 때마다 그에 맞는 기물을 필요성을 공지하여 주고, 이를 시행하는데 착오가 없도록 도와야 한다.

③ 홀 : 기물들의 취급과 서빙이 잘 관리되어야 한다.

2. 파손의 원인과 방지방법

1) 기물관리의 협조체제

접시를 가장 많이 취급하는 스튜어드와 홀, 주방부서 간에 상호 긴밀한 협조가 이루어져야 한다.

2) 파손의 발생원인

① 부주의로 인한 파손

- 불안전한 태도
- 불안전한 행동
- 불안전한 상태

② 애사심 부족

③ 원가의식 부족

④ 시설물의 비합리성으로 인한 파손

⑤ 재질의 선택

⑥ 기타 및 Loss

제2절 기물의 종류 및 취급

1. Kitchen 부서

1) 접시류

① 불에 너무 달구거나 워머를 너무 뜨겁게 하지 않는다.

② 뚝배기 같은 불 위에서 직접 달구기 위해 그릴 팬에 놓을 때 금속 위에 올려놓게 되므로, 조심해서 놓지 않으면 금속보다 상대적으로 약한 뚝배기가 금이 가거나 파손이 된다.

③ 강한 물체끼리 충격을 금한다.

④ 세척 시에 수세미나 솔의 사용을 금한다.

⑤ 강한 산성과의 접촉을 오래 지속하지 않는다.

⑥ Steward부서에서 닦아 놓은 접시를 주방 안으로 옮겨 워머에 넣거나 샐러드를 만들기 위해 준비하는 경우에, 자신이 들기에 너무 무겁게 많이 드는 경우 바닥의 상황이나 다른 어려운 상황이 닥쳐올 때 대량 파손이 일어난다.

⑦ Dish Dollies를 사용하지 않고 Transport Dollies를 사용하거나 Wagon을 사용하는 경우에 많은 접시를 파손하는 경우가 있다.

⑧ 세척 시에 칼이나 포크 등을 같이 넣지 않는다.

2. Hall 부서

Hall은 서빙에서 마무리까지 세심한 주의를 기울이지 않으면 많은 파손을 일으킬 수 있다. 특히 Steward에 갖다 놓는 과정에서 많이 발생한다.

1) 종업원의 strain을 피하는 방법

① 자신의 힘보다 무거운 것을 들지 않는다.
② 발을 8~12인치 벌려서 안전한 발디딤을 한다.
③ 가능하면 짐 아래를 손가락으로 확실히 잡는다.
④ 들어올릴 때는 짐을 밀착시킨다.
⑤ 점차적으로 들며, 급작스런 동작을 피한다.
⑥ 발을 움직이고 몸을 비트는 동작을 삼간다.

2) 낙반을 피하는 방법

조심과 양보의 태도로 고객이나 동료와의 충돌, 음식, 접시 파손 등의 낙반 사고를 예방한다.

3. Steward 부서

1) 접시류

① 접시와 포크, 나이프 놓는 곳을 분리하여 두어야 서빙하는 사람들이 기물을 거두어 오면서 지정된 위치에 정확히 놓을 수 있도록 한다.
② 접시가 나오는 즉시 제 규격에 맞는 접시 랙에 담아 식기세척기에 넣어 닦아낸다.
③ 잘 닦인 접시는 크기와 규격이 맞는 접시끼리 지정된 장소에 쌓아 놓는다.
④ 접시를 놓을 때 바쁘더라도 살살 천천히 놓는다.
⑤ 사용하는 접시와 사용하지 않는 접시를 구분하여 놓는다.

2) Breakage 감소방안

① Breakage 원인, 분석

② 교육 강화

③ Breakage 사례발표, 재발방지

④ 원가의식 고취 교육

⑤ 기물 책임자 선정

⑥ 시설물 보완

3) Breakage 감소를 위한 업무의 자세

① 주인의식을 함양하여 애사심을 갖고 업무에 임한다.

② 관심을 갖고 주의집중하여 기물에 대하여 위험요소를 사전에 찾아 개선한다.

③ 회사의 원가절감에 이바지한다고 생각한다.

4) China Ware

① 품목별, 규격별로 정리한다.

② 적재 시 30cm 이상 포개지 않는다.

③ 적재 시 스티로폼이나 헝겊은 각 장 밑에 끼운다.

④ Tray에 무리하게 높여 운반하지 않는다.

⑤ 세척 시에는 품목별로 세척한다.

⑥ 무리하게 운반하지 않는다.

5) Glass Ware

① 한꺼번에 여러 개의 Glass를 잡지 않는다.

② 운반 시 포개지 말고 규격 Rack을 사용한다.

③ Tray에 무리하게 섞어서 운반하지 않는다.

④ Glass에 은기물을 넣지 않는다.

⑤ Trolley Rack으로 이동시 너무 많이 쌓아올리지 않는다.

⑥ 손가락에 글라스를 끼워 운반하지 않는다.

⑦ 상처의 방지를 위해 취급 전에 반지를 빼야 한다.

⑧ 지방분이 묻었던 그릇은 소다성분이 있는 찬물에 한 번 헹군 다음 세척과
정을 거친다.

⑨ 따뜻한 물에 비눗기가 없고 거품을 많이 내는 세제를 용해하여 지방질을
제거하며, 광택이 나고 청결하게 한다.

⑩ 세척기가 없을 경우 따뜻한 물로서 비눗기를 완전히 제거한 후 부드러운
행주로 닦은 후 엎어 놓아 자연건조시킨다.

⑪ 건조된 글라스는 겹치지 말고 해당 Rack에 넣어 사용에 편리하도록 쌓아둔다.

⑫ 급작스런 온도의 변화를 주지 말아야 한다.

⑬ 두 개 이상을 동시에 한 손으로 잡지 않는다.

4. Silver Ware

1) 보 관

① 한곳에 보관한다.

② 황이 함유된 증기나 가스가 닿지 않게 한다.

③ 에어컨의 습기로부터 멀리한다.

④ 같은 품목끼리 보관한다.

⑤ 스푼은 윗부분이 서로의 안쪽으로 오도록 같이 놓으며, 포크도 마찬가지로
한다.

⑥ 나이프는 반드시 같은 방향으로 돌려놓아야 한다.

⑦ 그릇은 반드시 완전히 말려서 보관한다.

⑧ 은그릇은 딱딱한 또는 닳게 하는 표면에 놓는 것을 피한다.

2) 세 척

① 사용 후 즉시 씻는다.

② 소리 나지 않게 조용히 실시한다.

③ 서로 포개어 놓지 않는다.

④ 긁는 기구나 철수세미는 사용하지 않는다.

⑤ 음식찌꺼기가 묻은 상태로 오래도록 두지 않는다.

⑥ 나이프는 다른 그릇과 분리해 놓는다.

⑦ 한 번에 너무 많이 담가 두지 않는다.

⑧ 나이프는 스푼이나 포크와 분리해서 씻어야 한다.

3) 말리기

모든 그릇은 세척기에서 완전하게 건조시켜 나와야 한다. 완전히 건조되었나 확인해 보고 잔유물이 혹시 남아있으면 부드러운 헝겊으로 닦아낸다.

① 보관 및 쌓기 : 공간이 부족한 경우 식기보관이 문제이나 독특한 모양과 겹쳐 쌓기에 적합한 접시들은 공간 부족의 문제점을 해결해 준다.

② 취급 용이 및 안정성

③ 우수한 열 보존성의 접시 필요 : 실험 결과 50~60℃ 정도 가열된 접시들은 음식을 10분 이상 40℃ 정도로 유지시켜 준다.

5. 접시를 취급하는 방법

1) 깨끗한 접시를 운반하는 방법

접시를 잡을 때에는 엄지손가락을 이용하는데, 이때에 절대로 손가락이 접시 안쪽으로 들어가서는 안 된다.

2) 뜨거운 접시를 운반하는 방법

두꺼운 천이나 목판 또는 가벼운 돌판 등을 사용하여 손을 보호하며 운반한다.

3) 접시류를 닦는 방법

접시를 잡고 양손으로 젖은 또는 마른 헝겊을 감싸고, 그 안에 접시를 끼운 후 접시를 회전시키면서 접시 전체를 깨끗이 닦는다.

6. 은기제품 및 각종 기물

1) 은기제품

은기는 보통 은제나 녹슬지 않는 강철을 재료로 하여 색이 변하지 않아야 한다. 이를 사용하거나 운반 또는 보관할 때 부딪치거나 긁히거나 해서 망가지지 않도록 유념하여야 한다. 특히 은기는 녹슬 염려가 있으므로 사용 후 반드시 마른 수건으로 닦고 습기가 없는 건조한 곳에 보관하여야 한다.

2) 유리제품

유리제품 중의 대부분은 바 그라스(bar glass)에 해당되는 것이 많다. 유리제품은 크게 시린드리컵 그라스(cylindrical glass)로서 물컵과 같이 원형으로 되어 있는 것과, 스템드 그라스(stemmed glass)로서 옛날부터 유래되어 온 목줄기가 있는 와인 그라스 같은 것을 말하는 두 가지 종류가 있다.

7. 기물의 세정방법과 관리

1) 식기세정기

① Door형(Box Type) : 대부분 전자동식이며, 세정실이 Box형으로 되어 있고, 앞 뒤 두 면에 출입문이 있어 개폐할 수 있도록 되어 있다.

② Under Counter형 : 테이블 아래에 세정실을 집어넣은 형으로 앞면에 개폐문이 설치되어, 식기세트 위치에 식기를 넣어 세정한다.

③ 직진형 : 1~4단형이 있고, 또 보통폭과 광폭형이 있다.

④ Conveyor형 : 컨베이어에 의해 자동 연속적으로 식기를 돌려 식기가 입구에서 출구까지 이동하는 사이에 세정되는 형이다.

⑤ 침적 싱크대 부착으로 식기를 끌어올리는 형 : 자동으로 식기를 끌어올리는 싱크대가 부착되어 있는 식기세정기이다.

⑥ Round형 : Rack형 또는 flight형의 식기세정기에서 컨베이어 면이 타원형으로 되어 있는 형태를 말한다.

⑦ 초음파 세정기 : 세정조에 전자력에 의한 초음파 진동자를 장치하여 이용한

세정기이다.

⑧ 그 외 식기 세정기 : 회전브러시 세정 기, 도시락 세정기, Glass 세정기

2) 기물류의 저장공간

작업자가 이용하기에 편리한 장소에 저장 공간을 배치해야 한다.

3) 장비 받침대 높이

작업자가 작업하기에 편리한 높이로 조정되어야 한다.

4) 접시 세척 영역의 배치

접시 세척기의 설치는 음식업의 형태나 크기에 따라 달리 배치될 수 있다.

5) 접시, 식기, 장비의 세척 절차

① 닦아내기
② 사전 헹구기
③ 씻기
④ 헹구기
⑤ 물에 담금

6) 요리기기의 세척

① 세제용액의 압력 분사기에 의해 세척되는 캐비닛으로 구성되어 냄비와 팬
   이 회전되면서 뜨거운 세제의 압력에 의하여 이루어진다.
② 침수의 원리를 이용한 장치이다.
③ 가마솥에 넣고 약간의 세제를 넣고 삶아서 닦으면 깨끗하게 닦을 수 있다.

7) 기물 세척과정도와 사용과정

접시종류의 분류 → 남은 음식의 처리 → 1차 헹굼 → 세제 세척 → 더운물 헹굼
→ 위생처리 → 물기제거 → 보관

상식코너
전세계가 주목하는 몸에 좋은 다섯 가지 음식은?

미국의 건강 전문지 「헬스」가 세계 5대 건강식품을 발표했다.

1. 한국인의 김치

자연에서 얻은 재료를 이용해 만드는 김치는 그야말로 우리 조상이 남긴 가장 지혜로운 음식문화라 할 수 있다. 우리 식탁에서 빼놓을 수 없는 반찬인 김치는 주원료인 절임 배추에 마늘, 고춧가루, 생강, 파, 무 등을 넣어 저온에서 젖산 생성을 통해 발효시킨 음식. 김치를 이용해 만들 수 있는 음식은 실로 무궁무진해 함께 선정된 다른 식품들에 비해 상품 가치가 더욱 높다.

김치는 핵심 비타민과 무기질이 풍부한 저지방 다이어트 음식으로 지방을 연소시키는 효과가 있다. 또 소화를 향상시키는 유산균, 칼슘, 인, 무기질과 비타민 A·C가 풍부하게 들어 있으며, 나쁜 콜레스테롤 수치를 떨어뜨려 각종 성인병 예방에 효과가 있다. 특히 최근 연구에서 암 세포의 증식을 막아준다는 것이 입증되어 세계를 놀라게 하고 있다.

2. 인도의 렌틸 콩

렌틸 콩은 렌즈 콩이라고도 불리며 우리나라의 녹두와 비슷하게 생겼다. 인도에서는 '달(dal)' 이라고 불리며 인도뿐만 아니라 유럽, 중동 등에서도 재배된다. 인도 사람들은 매일 빵이나 밥과 함께 먹는 음식이며 유럽인들은 스튜를 만들어 먹거나 삶아 채소와 함께 먹는다.

3. 일본의 낫토

우리나라의 청국장과 비슷한 일본의 낫토는 삶은 콩을 발효식품으로 청국장과 달리 발효 과정에서 낫토균을 침투시켜 만든다. 일본 사람들은 낫토를 맨밥에 비벼 먹을 정도로 자주 애용하는데, 생선회나 김말이 등에 날로 곁들여 먹는다.

4. 그리스의 요쿠르트

수천 년간 그리스인들의 건강을 지켜온 요구르트는 진한 크림 형태로 양과 염소의 젖을 섞어 발효시킨 것이다. 면역 체계와 뼈 조직을 강화하고 혈압을 낮추는 효과가 있으며, 항암 효과와 체중감량 효과가 있다. 특히 장과 자궁에 좋아 여성에게 추천할 만하다.

5. 스페인의 올리브유

스페인 사람들은 몸이 좋지 않을 때 약 대신 올리브유가 듬뿍 들어간 요리를 먹는다. 감기나 소화불량에 걸렸을 때 올리브유를 먹으면 신진대사를 활발히 해주기 때문이다. 올리브유에는 항산화물질과 심장을 보호하는 물질이 풍부하고 노화방지에 좋은 장수 식품이다.

＊타임지가 선정한 10대 건강음식

토마토, 시금치, 견과류, 브로컬리와 양배추, 보리, 마늘, 녹차, 레드와인, 연어, 블루베리와 가지

제7장

조리를 위한 준비기술

제1절 칼의 이해

1. 칼의 구조

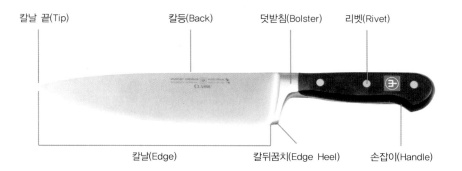

칼날 끝(Tip)　　　칼등(Back)　　　덧받침(Bolster)　　　리벳(Rivet)

칼날(Edge)　　　칼뒤꿈치(Edge Heel)　　　손잡이(Handle)

① 칼끝 : 가늘면서 뾰족한 칼끝은 섬세한 작업을 하는데 적합하다.
② 칼날 중앙과 칼날 끝 칼에서 가장 중요한 부분이며, 모든 썰기를 할 때 사용한다.
③ 손잡이 칼을 잡는 방법에 따라 정교한 작업이 가능한지 여부와 조리사의 피로에도 큰 영향을 미친다.

2. 칼 관리하는 방법

(1) 칼 가는 방법

칼을 갈 때에는 바른 자세와 정신집중이 요구된다. 먼저 칼과 숫돌 사이의 각도는 15도 정도로 하고 오른손은 손잡이를 잡고 왼손으로는 칼 면을 가볍게 누르면서 오른손의 밑으로 잡아당겨 간다. 그 다음 오른손과 왼손의 힘을 동시에 나누면서 밀어낸다.

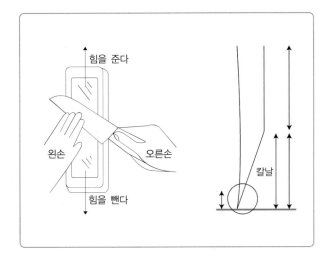

(2) 칼을 잘 갈기 위한 방법

① 숫돌에 수분이 충분히 베어들게 하기 위하여 한 시간 전부터 물에 담가둔다.

② 테이블에 젖은 헝겊을 깔고, 그 위에 숫돌 대를 놓고 숫돌을 고정시킨다.

③ 다시 한 번 숫돌의 표면에 물을 적시고, 숫돌 표면에 붙어 있는 먼지나 모 래 등의 불순물을 제거한 뒤 사용한다.

④ 칼을 한 번 물에 적시고, 숫돌을 향해 발의 위치를 고정시킨다.

⑤ 칼을 오른손으로 꼭 잡고, 왼손의 손끝으로 칼 표면을 누르고 칼을 숫돌에 간다.

⑥ 숫돌의 앞쪽 부분에서 반대쪽을 향해 칼을 이동하고, 이때 중간 것은 숫돌 의 전면을 사용하여 칼을 간다.

⑦ 양날의 경우에는 양면을 같은 횟수로 갈고, 양날이 아닌 경우에는 앞쪽이 되는 면은 전기의 요령으로 충분히 갈고, 뒤쪽이 되는 부분은 숫돌의 앞쪽 으로 2~3회 당겨서 앞쪽을 갈 때 발생하는 칼날 표면에 생기는 쇳가루를 제거한다.

⑧ 마지막으로 칼날 부분과 손잡이 부분을 물로 잘 씻어 마른 헝겊으로 닦아 내고, 여분의 수분을 충분히 제거한다.

3. 칼의 종류

일반적으로 칼은 칼끝의 모양에 따라 세 가지로 나눈다. 로우팁형은 칼끝이 아래로 향하고 있으며, 똑바로 자르기 좋고 채썰기 등 동양요리에 적당하다. 센터팁형은 칼등과 칼날이 곡선을 이루고 있어서 힘들이지 않고 자르기 좋으며, 회칼로 많이 사용된다. 하이팁형은 칼등이 곧게 뻗어 있고 칼날이 둥글다. 본 나이프는 뼈를 자를 때 많이 사용한다.

① 조각칼 : 80mm 길이의 끝이 뾰족한 날의 칼로 야채를 깎거나 도려낼 때 사용
② 생선칼 : 160mm 길이의 날이 유연하고, 끝이 뾰족한 칼로 도구의 유연성은 생선의 뼈를 발라내는 데 필요하며, 양파를 썰 때도 필요할 것이다.
③ 프렌치 : 230mm 길이의 견고한 날로 50mm의 폭과 뾰족한 끝을 가지고 있으며, 특히 야채를 크게 썰 때와 얇게 썰 때 필요하다.

4. 칼의 안전한 사용

칼이 손에 있을 때는 항상 긴장하여야 하며, 작업을 하지 않을 때는 칼을 잡고 있으면 안 된다. 또한 사용하지 않을 때는 전용칼 통에 보관한다. 자신이나 주변 사람에게 상처를 입히지 않도록 조심해야 하며, 칼로 작업을 하는 사람의 곁을 지나칠 때는 앞으로 안듯이 지나가야 한다.

제2절 계량·계측의 이해

1. 계량 단위의 필요성

식재료의 양은 무게와 부피로 측정할 수 있는데, 정확한 저울로 계량한다면 무게로 계량하는 것이 부피로 계량하는 것보다 더 정확하다.

1) 계량 단위

물체를 측정하기 위한 계량 단위는 영국식과 미국식 그리고 미터법의 세 가지 방법이 사용되고 있다.

(1) 영국식 계량 단위

영국과 캐나다 등에서 사용하는 계량 단위로서 무게 측정에는 온스(ounce)와 파운드(pound)를 사용한다. 또 부피 측정은 파인트(pint)와 액체 온스(fluid ounce)를 사용한다.

(2) 미국식 계량 단위

미국의 계량 단위로서 무게의 측정은 온스가 사용되고 부피는 컵을 사용한다.

(3) 미터법

세계적으로 가장 일반화된 계량 단위. 무게는 그램(g), 리터(L), 길이는 미터(m)로 사용한다.

2) 계량 기구

(1) 계량스푼

소량의 재료를 계량할 수 있기 때문에 일반적으로 가장 쉽게 사용한다. 계량

스푼 사용법으로는 액체의 경우는 스푼에 담긴 양으로 하며, 가루로 된 양념은
스푼의 윗면을 깎아서 계량한다.

(2) 계량 컵

계량스푼보다 많은 양을 측정할 수 있으므로 많은 양의 양념을 계량하기에 적
합하다.

(3) 아날로그 계량 저울

아날로그 계량 저울은 중량을 측정할 때 표시된 눈금을 읽는 저울이다.

(4) 디지털 계량 저울

디지털 계량 저울은 아날로그 계량 저울과 용도면에서는 같지만, 측정값을 수로 읽을 수 있기 때문에 보다 편리하고 정확성이 높다.

3) 주요 식품의 계량방법

(1) 밀가루

밀가루를 계량할 때에는 부피로 재는 것보다 무게로 재는 것이 더 정확하다. 수북이 담긴 밀가루는 직선으로 된 칼로 수평으로 깎아서 계량한다.

(2) 설 탕

백설탕은 간단하게 계량컵이나 계량스푼에 담은 다음 수평으로 깎아서 쉽게 계량할 수 있다.

(3) 지 방

고체 지방은 부피로 계량하는 것보다는 저울을 이용하여 무게를 재는 것이 정확하고 편리하다. 그러나 형편상 계량컵이나 계량스푼을 사용할 때에는 지방을 실온에 두었다가 측정하는 것이 정확하다.

(4) 액 체

액상의 재료는 무게보다 부피로 재는 것이 효과적이다.

4) 온도계량기구(Thermometers)

조리를 하는 동안 온도를 측정하기 위한 기구로, 그 모양과 기능도 다양하다. 요즘에는 휴대하기 간편하게 주머니에 꽂을 수 있는 장식도 부착하고 때에 따라서는 다른 기구와 겸용해서 사용할 수 있는 온도계가 부쩍 눈에 띄고 있다.

기능으로는 육류의 내부온도를 측정하는 쇠막대형, 물이나 소스의 온도를 측정하는 유리형 등이 많이 쓰이는데, 이들 대부분이 순간적으로 온도를 측정할 수 있는 온도계들이다. 그 이유는 순간적으로 온도를 측정해야만 요리에 미치는 영향이 최소화되기 때문이다. 이외에도 온도계에 시계를 부착하여 원하는 시간을 조절할 수 있는데, 이것은 바쁜 조리과정에서 장시간 대기할 수 없으므로 시간 알림기능과 온도계의 기능을 복합한 과학조리기이다.

육류 내부온도 측정

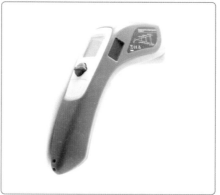
적외선 온도 측정

상식코너
길이, 무게, 부피, 섭씨, 화씨 온도변환

길이는 인치(inch), 피트(feet), 야드(yard), 마일(mile)로 표시한다.
1in(inch) = 2.54cm
1ft(feet) = 12in = 30.48cm
1yd(yard) = 3ft = 91.44cm
1mi(mile) = 1,760yd = 1.6km

무게는 온스(ounce), 파운드(pound), 톤(ton)으로 표시한다.
1oz(ounce) = 28.35g
1lb(pound) = 16oz = 453.6g
1ton = 2,000lb = 907.185kg

부피로는 갤론(gallon)을 사용한다.
1gal(gallon) = 3.8ℓ
한근(600g) : 쇠고기, 돼지고기 등 육류의 무게
한관(3kg 750g) : 고구마, 감자, 토마토 등 채소의 무게
한돈(3.75g) : 귀중품이나 약재의 무게를 잴 때

온도 계산법
섭씨(°C : Centigrade) = (화씨 − 32)×5/9
화씨(°F : Fahrenhe) = 섭씨× 9/5 + 32

제8장

식재료 구매와 보관관리

제1절 식재료에 대한 이해

1. 유지류

1) 버 터

(1) 특 징

젖산균을 넣어 발효시킨 발효버터(sour butter)와 젖산균을 넣지 않고 숙성시킨 감성버터(sweet butter)가 있다. 지방 81%, 수분 16%, 무기질 2%, 소금 1.5~1.8%이고 나머지는 커드분(curd)이다.

(2) 저장 방법

버터는 지방질이 많은 식품이므로 장기간 방치하면 지방이 산화되어 산패를 일으키며 냉장하지 않는 경우는 곰팡이가 발생하거나 녹아서 버터 특유의 향미가 사라지고 풍미를 해친다. 따라서 –5°C~0°C의 저온에서 직사광선을 피한 깨끗한 장소에 보존해야 한다.

2) 우 유

(1) 특 징

• 젖소로부터 착유된 원유에 다른 유제품이나 영양소를 첨가하지 않고 그대로 표준화하고, 균질화 하고, 살균 또는 멸균처리하여 시판한다.
• 잘 양육되고 건강한 암소 젖이 좋다.
• 생우유로 판매가 가능한 우유 이외는 모두 저온 살균처리할 의무가 있다.

(2) 용 도

• 가공되지 않거나 살균된 우유를 사용 전 2~3분간 천천히 거품이 일 때까지 끓여야 한다.

- 서늘한 곳에서 보관
- 가공되지 않은 것, 살균된 것, 동질살균된 것이 흔히 요리에서 이용

3) 계 란

- 보존방법은 조리에 사용될 때까지 물리적, 화학적 반응을 억제하고 미생물에 의한 부패를 방지하는 것으로 냉장법, 액체냉장법, 냉동법, 건조법이 있다.
- 껍질 : 단단하고 작은 구멍(모공)이 많은 것이 좋다.
- 껍질막 : 계란의 막으로부터 껍질을 분류시키는 것
- 공기층 : 계란의 둥근 끝쪽
- 계란의 흰 부위 : 흰자위
- 계란의 노란 부위 : 난황
- 난대 : 노른자위를 유지시키는 것
- 껍질 채로 익히기 전에 두드려 본다(금이 갔는지 확인하기 위해).
- 더럽고 금이 간 계란은 사용하지 않는다.
- 계란요리 시 은으로 된 기구는 사용하지 않는다.

4) 치 즈

(1) 특 징

- 동물의 젖에 들어 있는 단백질을 산이나 효소로 응고, 발효시킨 식품이다.
- 종류
  - 연질치즈 : 리코타, 크림, 마스카포네, 까망베르 등 수분함량이 45~75% 정도의 가장 부드러운 치즈를 말하며 보관할 때는 건조하고 약간 습기가 있는 곳이 좋다.
  - 반 경질치즈 : 블루치즈, 페타, 모짜렐라 등의 세균 숙성치즈와 곰팡이 숙성치즈로 분류되며, 수분함량은 40~45% 정도로 대부분 응유를 익히지 않고 압착하여 만든다.
  - 경질치즈 : 체다, 에담, 고다, 엠엔탈 등으로 수분함량이 30~40%로 일반적으로 제조과정에서 응유를 끓여 익힌 다음, 세균을 첨가하여 3개월 이상

숙성시켜 만들어진다.

- 초 경질치즈 : 파마산, 그라나파다노, 페코리노 등으로 수분함량이 25~30%로서 매우 단단한 치즈로 이탈리아의 대표적인 치즈이며 샐러드나 피자 스파게티 등에 많이 사용된다.

- 가공치즈 : 우유를 응고 발효시켜 만든 치즈나 자연치즈 두 가지 이상을 혼합하거나 유화제와 함께 가열, 용해하여 균질하게 가공한 치즈를 말한다.

(2) 용 도

• 일반인이 가장 많이 사용하는 치즈는 '그뤼에르산'이다.

• 그뤼에르는 가늘게 채를 쳐 사용한다.

- 그대로 사용할 경우 : 수프나 파스타에 곁들여낸다.

- 가열했을 경우 : 그라탕 · 커리슈 · 튀김 등 음식을 만들 때 필요하다.

2. 오일과 지방(oil & fat)

1) 유지의 개요

식용유지 중 실온에서 고체상태인 것은 지방(fat), 액체상태인 것은 오일(oil)이라고 부르고 있다. 일반적으로 식물성 유지는 오일(oil), 동물성 유지는 지방이다. 그렇지만 고체상태의 모든 지방도 온도를 높이면 액체로 되고 액체상태의 오일도 온도를 낮추면 고체로 변한다.

어떤 유지이건 간에 화학적으로는 고급지방산의 트리글리세리드(Triglyceride)이다. 유지를 형성하고 있는 지방산 중 포화지방산의 함량이 높으면 실온에서 고체이고 불포화지방산의 함량이 높은 것은 실온에서 액체이다.

2) 가공 유지류

① 버터(butter)

• 발효버터(sour butter) : 우유 중의 유지방을 분리, 압착시켜 유중수적형의 유화상태로 만든 유제품

• 생버터(sweet butter) : 가염버터(가정용), 무염버터(제과용)

② 마아가린(margarine) : 약 80%의 유지와 20%의 유제품을 혼합, 유화시켜서 만든 버터 대용품

　● 소프트 마아가린(soft margarine) : 매우 부드럽고 불안정하여 냉장이 필요하며 필수지방산을 많이 섭취할 수 있고 전연성(展延性)이 좋다.

③ 라드(lard) : 돼지의 지방조직으로부터 용출법에 의해 지방분을 분리해 낸 것

④ 쇼트닝(shortening) : 라드 대용품으로 개발한 것으로 잘 부패되지 않을 뿐 아니라 밀가루 반죽시 사용하면 라드보다 크리밍(creaming)과 유화가 더 잘 되고 맛도 잘 어울린다.

⑤ 땅콩버터(peanut butter) : 볶아서 브랜칭(blanching)한 땅콩에 소금을 첨가하고 갈아서 만든 것

3) 지방과 오일의 변화

① 발연점 : 기름이 일정 온도 이상으로 올라가게 되면 지방이 분해가 되어 표면에서 연푸른 연기가 나는데 이때의 온도를 발연점이라고 한다. 기름을 발연점 이상으로 가열하면 자극성 냄새를 가진 아크롤레인(acrolein)을 형성하게 된다.

② 오일과 지방의 변질 : 유지류를 공기 중에 방치하면 산화되어 변화를 일으키는데 이를 산패라 한다. 따라서 유지류는 뚜껑을 덮어 냉암소에 보관하는 것이 좋다.

③ 유화작용 : 마요네즈와 같이 기름이 작은 방울 형태로 물과 함께 섞여 있는 액체를 유화액(크림수프)이라 하고, 유화액 형성에 도움을 주는 물질을 유화제라 한다. 달걀노른자(레시틴)는 좋은 유화제이다.

④ 연화작용 : 밀가루 반죽에 기름을 넣으면 음식이 부드러워지는 현상을 연화작용이라 한다.

4) 튀김을 위한 기름류의 선택

① 낙화생(정제된 것)

② 해바라기(정제된 것)

③ 옥수수배(씨)

④ 포도종자(정제된 것)

⑤ 순수 올리브유(정제되지 않은 것)

3. 곡 류

1) 곡류의 종류(kind of cereal)

① 두류(Beans) : 완두콩, 강낭콩, 팥, 녹두, 리마콩, 렌틸콩, 잠두콩, 땅콩, 이집
트콩, 동부콩 등

② 잡곡(Grain Miscellaneous) : 옥수수, 조, 메밀, 율무, 수수, 기장 등

③ 맥류(Sorts of Barley) : 밀가루, 호밀, 보리, 귀리 등

④ 미곡(Rice) : 쌀, 찹쌀, 흑미, 야생쌀 등

⑤ 서류 : 감자, 고구마, 야콘, 산마 등

2) 가루제품(Produits Moulus)

① 밀을 찧어 만든 제품
  • 상질의 밀가루 : 단단한 밀로 만든 밀가루
  • 고운 밀가루 : 부드러운 밀로 만든 밀가루

② 다른 곡물가루의 종류 : 쌀, 푸른 밀 등

③ 정제하지 않은 것 : 굵고 단단한 밀가루

3) 제조품들

① 상질의 밀가루와 음료수, 소금, 효모 또는 베이킹 파우더를 섞어 만든 반죽
을 익혀 만든 제품

② 밀가루로 제조, 껍질이 없으며, 빵틀 속에 넣어서 익힌다.

③ 식용국수는 밀가루에 음료수를 넣고 반죽한 것을 물리적인 처리를 가하여
만든 것
  • 종류 : 계란국수, 마카로니, 스파게티, 수프용, 당면

4. 채소·과일

1) 채 소

① 잎채소(Leaves vegetable) : 양상추, 시금치, 양배추, 로메인, 롤라로사, 청경채, 치커리 등

② 줄기채소(Stalks vegetable) : 셀러리, 휀넬, 아스파라거스, 콜라비, 대파, 양파, 마늘, 죽순 등

③ 꽃채소(Flower vegetable) : 브로컬리, 컬리플라워, 아티초크, 오이꽃, 가지꽃, 유채꽃 등

④ 열매채소(Fruits vegetable) : 토마토, 오이, 가지, 피망, 호박, 오쿠라, 스트링빈스 등

⑤ 뿌리채소(Roots vegetable) : 당근, 무, 비트, 연근, 도라지, 우엉 등

⑥ 버섯류(Mushroom) : 양송이, 표고, 느타리, 팽이, 모렐, 트러플 등

2) 과일의 분류

① 열대과실 : 바나나, 파인애플, 망고 등

② 아열대과실 : 귤, 감, 올리브 등

③ 온대과실 : 사과, 배, 포도, 복숭아, 자두, 딸기, 매실 등

3) 과일의 종류

① 인과류 : 사과, 배, 모과, 비파 등

② 준 인과류 : 오렌지, 자몽, 레몬, 귤, 라임, 금귤, 유자 등

③ 장과류 : 포도, 석류, 감, 무화과, 블랙베리, 블루베리, 라스베리, 크란베리, 커런트 등

④ 견과류 : 밤, 잣, 아몬드, 호두, 은행, 피스타치오, 땅콩 등

⑤ 핵과류 : 복숭아, 살구, 체리, 자두, 매실, 앵두 등

⑥ 과채류 : 수박, 메론, 딸기, 참외, 토마토 등

⑦ 열대과일류 : 파인애플, 파파야, 바나나, 망고, 아보카도, 키위, 코코넛, 망고스틴 등

5. 육 류

1) 육류의 분류

① 소고기(Beef)

② 송아지고기(Veal)

③ 돼지고기(Pork)

④ 염소(Goat)

⑤ 양(Sheep / Lamb)

⑥ 야생동물(Game) : 사슴(Deer / Venison), 노루(Western Roe Deer), 고라니(Chinese water Deer), 토끼(Rabbit), 멧돼지(Wild Boar)

2) 쇠고기

① 소의 품종·사육방법·성숙기간·부위에 따라 품질과 맛이 달라진다.

② 2~3년 된 어린 소가 주로 Steak나 Roast에 사용된다.

③ 곡물을 먹여 키운 소가 상품으로 인정받는다.

④ 육류의 평가등급 : 마블링, 탄력, 산출액 정도, 향기를 표준 지침으로 한다.

⑤ 쇠고기의 빛깔은 윤기가 나는 선홍색이 좋다.

⑥ 지방의 색이 우유빛, 끈기가 있고, 소 특유의 향기가 나는 것이 좋다.

⑦ 쇠고기는 일정기간동안을 냉장고에 보관하여 숙성한 것이 육질이 좋다.

⑧ 숙성기간 : 2℃ 정도의 냉장고 안에서 1~2주일 정도 보관하는 것이 좋다.

3) 돼지고기

① 고기색은 회색이 가미된 선홍색, 기름은 백색이다.

② 주로 갈아서 만드는 요리 등에 사용되어진다.

③ 돼지 뒷다리를 이용한 햄도 널리 사용한다.

④ 주사용 부위 : 방심, 등심, 통째로 Roast하는 경우도 있다.

4) 가금류

① 닭·오리·칠면조 같이 판매하기 위해 기르는 사육가금의 종류를 의미

② 종류 : 흰색 고기를 가진 가금류, 붉은색 고기를 가진 가금류

③ 지방질이 적고 육질이 부드러워 많은 부분의 요리에 사용

④ 닭고기는 널리 사용되며, 가슴살의 경우 스테이크·샌드위치 등에도 많이 사용

6. 어패류

1) 해수어

(1) 광 어

① 신선도 기준

- 비늘을 튕겼을 때 살이 위로 올라와야 한다.
- 아가미를 벌렸을 때 붉은 빛이 나야 한다.
- 살색은 희어야 하며, 피를 뺀 부분은 연해야 한다.
- 입고시 양식과 자연산을 반드시 구분하여 검수한다.

② 특 징

- 넙치류 : 눈이 왼쪽
- 가자미류 : 눈이 오른쪽

(2) 농 어

① 신선도 기준

- 살을 눌러 보았을 때 누른 자국이 나지 말아야 한다.
- 육안으로 보아 다소 흰색상의 색깔이 나야 한다.
- 피를 뺀 부분이 연해야 한다.

② 특 징

- 주로 서해에서 5~8월이 성수기

(3) 도 미

① 신선도 기준

- 색상이 선명하고, 살이 많이 쪄야 한다.

- 눈의 빛깔이 선명해야 한다.
- 지느러미를 눌렀을 때 위로 올라와야 한다.

(4) 숭 어

① 신선도 기준

- 육안으로 보았을 때 신선해야 한다.
- 눈의 색깔이 선명해야 한다.

(5) 대 구

① 신선도 기준

- 살의 탄력이 좋으며, 배쪽이 단단하여야 한다.
- 껍질부분이 벗겨지지 않고, 상처가 있어서는 안 된다.

(6) 삼 치

① 신선도 기준

- Fresh한 것 사용을 원칙
- 회색바탕에 청색으로 색깔이 선명, 윤기가 흘러야 한다.
- 살이 탄력이 있고, 배쪽 살은 단단해야 한다.

(7) 조 기

① 신선도 기준

- Fresh하여야 한다.
- 노란색의 물감을 칠했는지 확인해야 한다.
- 알배기로 육질과 맛이 좋아야 한다.

(8) 방 어

① 신선도 기준

- Fresh하여야 한다.

• 살이 통통해야 한다.

(9) 민 어

① 신선도 기준

• Fresh하여야 하며 싱싱해야 한다.
• 머리 부분에서 눈이 분리되어서는 안 된다.

2) 갑각류 및 패류

(1) 갑각류

① 바다가재

• 서식지 : 바다 밑 바닥의 뻘
• 육질 : 풍미가 있고 우수하여 고가로 입고된다.
• 용도 : 뜨거운 요리와 차가운 전채요리에 사용한다.

② 게

• 서식지 : 연안의 바위 사이
• 육질 : 조직이 거칠고 부패가 용이. 맛이 대단히 좋다.
• 용도 : Steaming, Boiling, Deep Frying, Canning, Salad, Sandwich

③ 랑구스틴

• 육질 : 바다가재와 동일
• 용도 : Deep Fat Frying, Grilling, Boiling

④ 새 우

• 서식지 : 모래해안을 따라 서식
• 육질 : 희다. 상하기 쉬움, 신선한 새우는 근해에서 잡힌다.
• 용도 : 다양하게 구입하여 사용 가능, Soup, Salad, Fry 등에 사용한다.

(2) 패 류

① 굴

- 서식지 : 얕은 해안의 큰 바위에 붙어서 서식한다.
- 육질 : 매우 부드럽고 풍미가 있다(유럽에서는 날것으로 먹는 것을 삼가한다).
- 용도 : 날것으로 먹거나 soup, Pie, Stew, Stuffing, Appetizer, Baking, Deep pat Fry 등에 사용한다.

② 홍 합

- 서식지 : 얕은 물의 자연 둑에서 양식
- 육질 : 부드럽고 독특한 냄새를 가진다.
- 용도 : Marinated, Jelly, Pie 등

③ 대 합

- 서식지 : 모래사장의 언덕
- 용도 : Marinated, Soup, Chowder

④ 관 자

- 서식지 : 수심이 깊은 모래사장 위
- 육질 : 매우 부드러우며, 좋은 향을 가지고 있다.
- 용도 : Pan Frying, Sauteing

 제2절 식재료 구매관리 및 보관

1. 식자재 구매의 중요성

① 구매의 목적 : 표준 품질의 식재료를 저렴한 가격으로 획득하는 것이 목적이다.

② 구매관리자

- 음식의 질과 서비스를 향상시키기 위해 보다 나은 질의 식자재를 찾으려고 노력
- 비용과 구매절차를 향상시킬 수 있는 모든 요소를 탐색하는 데 노력해야 한다.

2. 식자재 구매절차

1) 식자재 구매절차

일반적 식자재의 구매절차는 다음과 같다.

구매의 필요성 인식 → 물품요건의 기술 → 거래처 설정 → 구매가격결정 → 발주 및 주문에 대한 사후점검 → 송장의 점검 → 검수작업 → 기록 및 기장관리 순이다.

2) 호텔용품센터를 통한 구매품목

(1) 일반품

① 구매 성격

- 공통적으로 사용하는 식자재 수요를 미리 예측하여 수입·저장해 놓은 것
- 수입잼류, 각종 스파이스류, 캔류, 기타 수입품 등이 대표적
- 일정기간 동안 저장·사용하여도 유효기간이나 부패율이 거의 없는 품목이 대부분 차지

② 구매 형태의 목적

- 캔제품, 냉동제품, 각종 스파이스류가 주를 이루면서 유효기간이 길어 저장이 용이
- 다양한 용도로 업장에서 사용
- 일정한 기간을 주기로 동시에 구매하여 저장하였다가 필요에 따라 불출하기 위한 것

(2) 특별품

① 구매 성격
- 저장품목 외에 또 다른 자재가 필요할 경우 수입이 허락하는 범위 내에서 일정한 양식과 절차에 따라 해외로부터 조달해 사용 가능

② 구매 형태의 목적
- 반드시 사용할 자재일 경우 전문 수입기관인 센터를 이용
- 소량·다품종의 수입 식자재를 적기에 구매

3) 체인호텔 식자재 구매절차의 특징

① 장점 : 식재료 구매와 검수 및 창고의 업무구분이 명확. 한 사람이 구매에서 검수까지 겸하므로 폐단을 막을 수 있다.
② 단점 : 조직이 경직되어 있고 능률이 저하
③ 식자재는 구매 후 검수를 거쳐 창고에 보관
④ 외국인 운영호텔의 구매는 외국인주방장이 많이 관리

4) 내국인 운영 호텔의 식자재 구매절차 현황

(1) 구매 계획
- 철저한 계획의 수립이 우선

(2) 시장조사
- 식자재 가격 및 동향을 조사
- 정기적으로 또는 주 2회 정도 시장조사를 실시
- 거래처의 방문조사와 동업계의 조사를 통해 시장조사를 해야 한다.

(3) 구매규격 원칙
- 최상급 식자재 구매원칙과 사용용도 및 경제성을 고려
- 구매의뢰 수량 원칙과 경제적 구매수량을 정한다.

• 적정 구매시기 고려와 분할납품을 유도

(4) 내국인 운영 호텔 식자재 구매절차의 특징

• 장점 : 수입 식재료의 구입을 다변화해야 한다.
  농수산물을 소재하여 주방에서 바로 사용할 수 있게 하여 납품
• 단점 : 온라인 시스템으로 사전 수량의 조정이 어렵다.
  구매결정시 현장 책임자의 참여가 부족

5) 식재료 구매시 주의사항

① 재료가 신선할 것 : 식재료가 신선할 때 맛이 가장 좋을 뿐만 아니라 영양가
  도 높다.
② 위생적일 것 : 구매하고자 하는 모든 식재료는 항상 신선하고 위생적으로
  처리된 재료를 구매
③ 안전할 것 : 농약이나 중금속, 유해첨가물은 허용기준치를 초과한 상태로
  사용할 경우 사회적으로 커다란 물의를 일으킬 염려가 많다는 사실을 인식
  해야 한다.
④ 적정가격일 것 : 소비시장 구조의 가격변동은 시대상황에 따라 급격한 변화
  를 가져온다. 어떠한 식재료이든 가격은 적정한 선에서 구매계약이 이루어
  져야 한다. 필요 이상의 높은 가격으로 구매비가 지불된다든지 또는 실제
  가격보다 낮게 책정되어 식재료를 구매한다면 원가 상승률에 도움을 줄 수
  있는 요소로 변한다.

3. 식재료 보관

1) 선입선출(先入先出)

• 먼저 입고된 식재료를 먼저 사용
• 식재료를 낭비 없이 항상 신선한 식재료를 사용

2) 적정온도관리

- 온장고 : 65℃
- 중탕기 : 90℃
- 냉장고 : 0~5℃
- 냉동고 : -18℃ 이하

3) 정위치 관리

- 주방 내에 근무하는 조리사들이 알기 쉽게 정위치를 만들어 부착
- 모든 포지션 및 냉동고·냉장고·상온선반에 언제나 재고파악이 가능하도록 관리

4) 올바른 배송정리

- 실온에서 장시간 방치하지 않는다.
- 식재료를 함부로 다루지 않는다.
- 박스·기물 등은 정리정돈
- 바닥에서 15cm 이상의 높이에 식재료를 보관해야 한다.

4. 식재료 취급

1) 즉석사용 식재료

- 반드시 손을 씻고 조리
- 실온에 방치한 채 다른 업무를 하지 않는다.
- 냉각이 필요한 식재료는 팬에 펴서 냉각·보관

2) 소스류

- 중탕기 내 뜨거운 물의 양은 2/3 이상 유지해야 한다.
- 중탕기 온도는 90℃ 이상을 유지. 60℃ 이하로 떨어지지 않게 한다.
- 냉각이 필요시 얼음물에서 급속 냉각하여 냉장보관

3) 육 류

- 가열하여 제공하는 제품은 반드시 조리 매뉴얼대로 완전히 익혀 제공
- 해동 시작시점에 다른 제품을 같은 용기에 담아 보관하지 않는다.
- 반드시 관능검사 실시 후 사용

4) 기타 식품의 조리

- 정해진 작업대에서 조리하여 교차오염을 방지
- 조리는 반드시 매뉴얼의 사항을 준수
- 튀김용 기름은 수시로 점검하여 교체 후 사용

5. 식재료 저장

1) 냉동·냉장저장

- 매일 3회 이상 내부온도를 점검
- 문의 개폐를 최소화
- 내부에 반드시 온도계를 설치하여 실온을 확인

2) 상온저장

- 상온창고온도 : 25℃ 이하
- 상온창고습도 : 50~60%
- 소모품은 별도의 장소에 보관
- 정기적으로 방역

6. 식재료 보관

- 식재료가 남은 경우 깨끗한 용기에 담아 밀봉하여 보관
- 제조일자·유통기한이 경과된 식품이 없는지 확인
- 유통기한이 지난 식품은 폐기

7. 냉동식품 해동

1) 해동의 원칙적인 조건

- 내외온도의 차이에 의한 식품의 품질의 변화가 적을 것
- 육즙이 적도록 할 것
- 단백질의 변성이 적도록 할 것
- 세균번식이 적도록 할 것
- 선도저하가 적도록 할 것
- 조직감(rexture)의 변화가 적도록 할 것

상식코너
캐비어의 종류(Kind of Caviar)

1. Beluga

Beluga(벨루가) 철갑상어의 알은 철갑상어 알 종류 중 가장 알이 크고 가격이 높다. 철갑상어는 가장 심해에 살고 있으며 수명은 약 120년이며, 무게는 최대 1톤, 현재 멸종 가능성 1위이다.

2. Osetra

오세트라 캐비어의 수명은 70여년, 최대 200kg, 색깔은 황금색을 띠는 갈색이다.

3. Sevruga

세브루가 캐비어의 수명은 8년, 20kg, 회색을 띠며 제일 수가 많으며 비교적 얕은 물에 살기 때문에 많이 이용된다. 평균수명이나 희소성, 풍미면에서 약간 낮다고 볼 수 있다.

4. Golden 또는 Imperial Caviar

"짜르(옛 러시아황제의 캐비어)"라고도 불리운다. 혹자는 Aldino 철갑상어의 알로도 알려져 있고 오세트라와 비슷하지만 수명이 60년이 더 길다. 벨루가에 이어 희귀한 종류, 전통적으로 짜르를 위해 법으로 어획이 보호되었으며 스탈린은 전체 생산량의 2/5를 전용했다고 한다.

5. Malosol Caviar(마로솔)

러시아산으로 마로솔은 적은 염분을 함유하고 있다는 뜻으로 염분함량은 3~4%로 보존기간이 짧고 가격이 약간 비싼 편이다.

제9장

저장관리 및 재고관리

제1절 저장관리

저장관리란 식재료의 사용량과 일시가 결정되어 구매행위를 통해 구입한 식재료를 철저한 검수과정을 거쳐 식재료를 출고할 때까지 손실 없이 합리적인 방법으로 보관하는 과정을 말한다. 이렇게 식재료를 본래의 의도대로 사용할 수 있도록 보존하는 상태를 저장(storing)이라고 한다.

1) 저장관리의 목적

① 폐기, 발효에 의한 손실을 최소화함으로써 적정재고량을 유지하는 데 있다.
② 식재료의 손실을 방지하기 위한 올바른 출고관리에 있다.
③ 출고된 식재료는 매일매일 그 총계를 내어 관리하도록 한다.
④ 식재료의 출고는 사용시점에서 바로 이루어지도록 관리해야 한다.

즉 적절한 식재료를 구매하여 저장 공간을 통해 도난이나 부패에 의한 손실을 최소화하고 적절한 재고량을 유지하면서 필요에 따라 신속하게 공급하는 것이 저장관리의 목적이다.

2) 저장방법

품질 좋은 식재료를 안전하게 구입했다 하더라도 저장상태가 부적절하다면 생각하지 않은 많은 손실이 발생하여 식음료 수입의 목표에 지대한 영향을 끼칠 수 있다.

(1) 건조법

식품에서 수분을 제거하고 건조시켜 저장하는 방법을 말한다. 습하지 않은 곳에 저장해야 한다. 일광건조법, 열풍건조법, 배건법, 고온건조법, 냉동건조법, 증발법, 감압건조법 등의 방법이 있다.

(2) 냉장·냉동법

① 냉장법 : 식품을 냉장하면 조직 중의 효소작용과 미생물의 번식이 억제되어 신선하게 저장할 수 있으며 냉각제로 드라이아이스, 암모니아, 탄산가스, 프레온가스 등을 사용한다. 식품의 적당한 냉장온도는 과일, 야채의 경우 5~10℃, 육류는 0~4℃이다.

② 냉동법 : 냉동은 냉장원리를 응용해서 식품을 동결시키는 방법으로 직접 냉각기관을 냉동실에 통하는 직접냉동 또는 냉각공기를 불어 넣어 -7~-15℃로 냉각하는 공기냉동, 식염수와 함께 식품을 냉각시키는 염수냉동법이 있다. 식품의 적당한 냉동온도는 -18~-20℃ 이하이다. 식품을 급속으로 동결시키면 식품 중에 생기는 얼음의 결정이 작고, 천천히 동결시키면 결정이 크다. 얼음의 결정이 크면 세포가 파괴되어 내용물이 유출되는 드립(Drip)현상이 발생하기 때문에 식품의 품질이 저하된다.

(3) 가열법

식품에 부착되어 있는 미생물은 가열에 의해 사멸되므로 병조림, 통조림, 파우치 등으로 밀봉하게 되면 일정기간 동안 완전히 저장할 수 있다. 또한 가열하면 효소가 불활성화되어 저장기간이 늘어날 수 있다.

(4) 훈연법

염장한 육류, 어류 등을 목재나 왕겨의 연기에 의해 건조, 살균하는 방법으로 훈연 중에 수분이 빠져 건조되고 살균물질이 침투되어 외관이 육색을 변화시키거나 유리 아미노산을 감소한다. 또한 지질의 산화가 방지되어 방부성이 증가된다.

(5) 염장법

염장은 식품 내의 삼투압 차이에 의해 식품에서 수분이 빠지고 동시에 미생물도 농후한 식염수에 의해 원형질 분리를 일으켜 성장이 방지되는 것으로, 옛날부터 사용하던 방법이다.

(6) 당장법

염장법과 같이 설탕의 삼투압을 이용하여 저장하며, 당장식품의 대표적인 것으로는 잼(jam)과 연유가 있다. 잼은 과일의 과육과 과즙을 원료로 해서 당도 50~70%로 만든다. 연유는 우유를 1/2로 농축하여 16%의 설탕을 첨가한 것이다.

(7) 가스저장법

야채와 과일은 저장 중에 호흡작용을 일으켜 탄산가스나 수분을 배출한다. 호흡작용은 수분이 적거나 온도가 낮을 때 또는 탄산가스나 질소가스에 의해 억제된다.

3) 식품별 저장방법

(1) 육 류

육류는 고객에게 제공되기까지 모든 단계에서 냉장 또는 냉동상태로 저장하며, 육류를 1~2일 정도 냉장 저장할 때는 비닐 랩이나 보존 용기를 사용하여 2℃ 이하에서 저장하고, 장기간 지장할 때는 진공 포장해서 냉동으로 저장하여 1개월 정도를 최장 저장기간으로 정한다.

소고기의 육질은 매우 다양하게 구성되어 있어서 각 부위별로 그 맛과 질감이 다르다. 육질이 연한 곳은 건열조리법이 좋으며, 질긴 부위는 습열조리로 장시간의 조리시간이 필요하다.

(2) 어 류

생선에는 미생물이 부착되어 있을 수도 있으므로 내장을 제거하고 소금물로 깨끗이 씻어 물기를 없앤 다음 다른 식품과 분리해서 육류의 저장방법처럼 냉장·냉동고에 보관한다. 그리고 건어물은 건조하고 서늘한 곳에 보관한다.

(3) 곡 류

건조하면서 서늘하고 통풍이 잘되는 장소에 위생적인 보존 용기에 담아 보관해야 한다.

(4) 채소류

채소는 반드시 물기를 제거한 후 뚜껑이 있는 위생적인 보존용기에 담아 냉장보관해야 하고, 씻은 채소와 씻지 않은 채소가 섞이지 않도록 분리 보관하되 최장 보관 기간을 3일을 기준으로 한다. 채소류는 3℃ 이하로 냉장보관하면 냉해를 가져올 수 있으므로 마른 헝겊을 덮어두어 주의해야 한다. 특히 양파는 오래 보관해야 할 경우에는 껍질을 제거하지 않은 상태로 그늘지고 서늘한 곳에 두어야 한다. 즉 일반적인 저장온도는 상온식품의 경우 15~20℃, 보냉식품은 10~15℃, 냉장식품은 5℃ 전후, 냉동식품은 -18℃ 이하로 설정한다.

4) 숙 성

(1) 마리네이드(marinade)

마리네이드는 식초, 와인(wine), 소금, 향신료 등을 기본으로 하는데 Beef, Pork, Lamb, Game, Fish 등을 부패하거나 변질되지 않도록 보존하는 것이 본래의 목적이다. 그러나 향미 성분을 추가하고 조직을 연화시키는 작용을 한다.

마리네이드 목적은 여러 향신료와 함께 재료를 혼합하여 보관함으로 향미가 스며들도록 하고, 고기의 섬유질을 연화시켜 맛은 물론, 보존성까지 증가시켜주는 데 의의가 있다고 할 수 있다.

 마리네이드의 일반적인 원칙

① 육류나 생선의 마리네이드는 금속제품보다는 도자기나 에나멜 용기를 사용해야 한다.
② 마리네이드 과정은 겨울보다 여름에 더 빨리 진행되므로 대기의 온도와 밀접한 관계가 있다.
③ 동물의 나이나 크기, 날씨 등에 따라 약간씩 차이가 있는데, 작은 것은 5일 정도로 가능하지만 평균 15일 정도 걸린다.
④ 마리네이드 용액을 사용할 경우에는 재료가 완전히 잠기도록 해야 한다.
⑤ 마리네이드 과정 중에는 육류나 생선 등을 가끔 뒤집어 주어야 하는데, 그때 사용하는 도구는 금속제품은 피하는 것이 좋다.

(2) 효소를 사용한 연화법

연화는 조직 속에 효소를 주사하여 조직을 물리적, 화학적으로 변화시켜 향미와 질감을 증가시키는 것을 말한다. 보통 이러한 과정을 숙성이라고 한다.

숙성은 경직되었던 고기가 냉장고 안에서 근육 내의 단백질 분해효소 작용에 의해 자기소화가 일어나 연해지는 동시에, 많은 수분과 독특한 향기, 풍미를 갖게 되는 것을 말한다. 숙성의 속도는 온도에 의존하기 때문에 온도가 높을수록 가속되지만 일반적으로 저온에서 실시한다.

5) 트랜스지방 관리

(1) 트랜스지방의 정의

트랜스지방은 불포화 지방을 가공하는 과정에서 생성되는 것으로 자연계에는 존재하지 않는다. 동맥경화와 최근에는 암과의 관련성이 논의되고 있을 정도이다.

동물성 기름(지방)인 포화 지방산과 식물성 기름인 불포화 지방산이 있다. 포화 지방산은 혈관을 좁게 하는 나쁜 콜레스테롤 수치를 높여 심장병이나 비만 같은 혈관 질환의 주요 원인이 되었던 반면, 불포화 지방산은 혈관을 청소하는 좋은 콜레스테롤 수치를 높여 혈관과 건강에 유익한 것으로 알려져 왔다.

(2) 트랜스지방의 유해성

트랜스지방을 많이 섭취할 경우, 체중이 늘어나고 해로운 콜레스테롤인 저밀도 단백질이 많아져 심장병, 동맥경화증 등의 질환이 생기게 된다. 또 간암, 위암, 대장암, 유방암, 당뇨병과도 관련이 있는 것으로 밝혀지는 등 트랜스지방산의 유해성을 경고하는 연구 결과들이 뒤따르고 있다.

제2절 재고관리

1. 재고관리의 의의

재고관리란 한마디로 상품구성과 판매에 지장을 초래하지 않는 범위 내에서

재고수준을 결정하고, 재고상의 비용이 최소한으로 낮아지도록 계획, 통제하는 경영기능을 의미한다. 재고관리는 고객을 위한 서비스가 재고비용과 균형이 이루어지도록 적정한 재고를 유지하는 것이 주목적이라 할 수 있다.

2. 구매관리

구매관리 활동은 적절한 물품을 적당한 시기에 구매하는 것뿐만 아니라 식음료 사업을 계획, 통제, 관리하는 경영활동이다. 구매관리는 원가관리의 기초적 관리단계이므로 중요한 주방관리의 한 부분이다. 구매의 가장 중요한 요건은 적정한 시기에 필요한 양만큼의 최상의 상품을 최소비용으로 구매하는 것이다.

3. 검수관리

식재료의 검수는 주문한 내용, 즉 가격, 품질, 수량, 규격 등이 일치하는가에 대하여 견적서와 비교함으로 성립된다. 식음료원가 중 최대가 직접재료비라는 것을 감안할 때 기준미달 품질의 식재료를 인수함은 곧 낮은 생산량과 식재료의 품질저하를 초래하며 식음료 원가관리의 효율성을 떨어뜨리며 경영성과에 차질을 가져오게 된다는 점에서 중요한 의의를 갖게 된다.

또한 검수하는 과정 중에 시간이 오래 지나면서 식재료의 품질저하와 상품의 질적 내용이 저하 되는 부분이 발생되는 것을 최소화하여야 한다.

호텔에서 식재료 검수과정 중 식재료의
품질 저하되는 부분을 최소화하기 위해 냉장시설을 갖춘 검수장

제3절 새로운 저장기술인 빙온(冰溫)의 개념

빙온이라는 개념은 일본 농산가공연구소의 야먀네 소장이 발견한 것으로, 온도는 식품의 보존뿐만 아니라 숙성, 건조, 발효, 농축 등의 부분에도 영향을 준다는 것이다. 빙온대에서의 식품제조는 잡균의 증식이나 변색 등 보통 식품의 제조시 문제가 되는 단점을 해결할 수 있다.

지금까지의 연구결과로서 빙온의 유망한 활동분야는 다음과 같다.

(1) 활어(活魚)의 수송

빙온대에서 생선을 동면상태로 수송하면 냉동용 얼음의 필요성이 없으며 오히려 표면을 건조시켜 연명효과가 발생한다.

(2) 식품의 고부가 가치화

0℃ 이하의 미동결상태에서는 산소를 필요로 하지 않는 상태가 존재하는데 이를 빙온처리하면 맛과 감미가 증가되는 현상이 일어난다.

(3) 신선한 야채의 저장

야채류에 빙온 또는 초빙온처리를 하면 빙온 온도대에서 다당류와 단백질의 합성이 증가한다. 초빙온 온도대에서는 이와 반대로 단당류와 아미노산이 증가한다. 따라서 초빙온을 적당히 조절 처리하면 관능적으로 매우 좋은 야채류를 제공할 수 있다.

(4) 가공식품

빙온기술을 이용하여 영양가가 풍부하고 맛과 향이 뛰어난 신선식품을 제조하는 것이다.

제4절 저장기술 초고압의 개념

초고압기술은 열을 가하지 않는 3,000~9,000℃ 기압 하에서 미생물의 멸균, 효소반응 속도의 변화, 효소의 불활성화, 단백질 겔화 등의 현상이 발생하는 반면 색, 맛, 향, 영양소의 변화는 일어나지 않는 특징을 활용하는 것이다. 이러한 기술은 신선도를 유지할 수 있는 첨단기술 중의 하나로 기존의 유통망을 그대로 이용할 수 있다는 장점이 있다. 그러나 초고압 처리장치의 한계로 제조원가가 높아 기존의 제품보다 판매가격이 높으며 생산량의 한계 등의 문제를 지니고 있다.

1) 일반적 식품의 포장기술

포장기술은 보호성, 편리성, 쾌적성 등을 3대 요소로 한다.

(1) 최근의 포장재료

① 저위, 저흡착 씰런트 : LA씰런트라는 포장재료가 개발되어 상당한 개선효과를 주는 것으로 평가되고 있으나 가공성과 물리강도면에서 기존포장재에 비해 떨어지는 단점이 있다.

② 세라믹계 반막코팅필름 : 산소투과성과 가열살균에 의한 용기 형태의 안정성을 이유로 알루미늄계를 사용하고 있다. 최근에는 세라믹계 필름이 채용되고 있는데, 이는 투명하면서도 산소투과성이 거의 비슷한 특징이 있다. 내용물이 보여 식품의 보관상태를 관찰할 수 있으며 식품의 선택에도 용이하다.

③ 플라스틱 재료 : 포장기술 발전에 획기적인 기여를 하였으나 환경 오염문제로 토양에서 분해되는 성분이 플라스틱 재료로 사용되고 있다.

④ 항균 기능성 포장재 : 보존기간이 짧은 식품의 유통 문제점을 해결하기 위해 항균 성분을 기준 포장재료에 섞어 보존기간을 연장시키는 방법이다.

(2) 포장기술

① 진공포장 : 식품을 진공으로 포장하는 기술로 수증기나 조리 수(水) 등을 함께 보관하여 식품의 맛을 그대로 보관하는 특징이 있다.

② 무균충전기술 : 가열 살균시간이 짧고 레토르트 살균과 같이 내열성의 포장 재료도 필요가 없으며 용기의 대형화가 가능한 장점과 상온에서 유통이 가능한 장점으로 가지고 있다.

상식코너
곰탕과 설렁탕의 차이

곰탕과 설렁탕은 소고기로 만들어내는 국물 음식이라는 점은 유사하지만, 맛은 물론 조리과정에서부터 확연히 다른 음식이다.

곰탕은 소의 양지살과 사태살 등 지방이 적은 살코기와 양, 곱창을 넣어 끓인 맑은 국물 음식인 반면, 설렁탕은 소의 잡육, 내장 등등 잡뼈가 붙어 있는 부위를 그대로 고아서 하얗고 진한 국물 음식이라 할 수 있다.

즉 곰탕은 수육을 삶아낸 맑은 국물, 설렁탕은 뼈를 고아 진하고 하얀 뼈를 고아낸 국물 음식인 것이다.

그렇기에 곰탕국물은 맑고 담백하면서 시원한 맛을, 설렁탕은 진하고 깊은 맛을 낸다.

제10장

식품의 생산관리

제1절 식품관리와 매뉴얼

1. 매뉴얼의 정의

매뉴얼이란 외식사업 각각의 업무를 진행하는 지침서 또는 절차서라고 할 수 있다. 매뉴얼은 이용방법에 따라 세 가지로 구분한다.

첫째는 직원의 업무입문, 업무안내 또는 직원의 마음가짐 등을 설명한 직원 매뉴얼이고, 둘째는 조리, 판매, 구매 등과 같이 업무별로 작업순서 및 범위를 표준화한 절차 매뉴얼이고, 셋째는 조직 계획조직도나 직무설명서 등 조직에 관한 조직 매뉴얼과 관리자가 업무상의 의사결정을 할 때 기준으로 해야 할 경영 방침을 기술한 방침 매뉴얼이다.

2. 매뉴얼의 성격

매뉴얼은 많은 실무경험과 공동작업에 의해 생산된 것으로 많은 사람들과 전문가들이 반복 작업한 후 평가를 통해서 만들어진 것이다. 동일성을 효과적으로 인식시키기 위해서는 불가피한 도구이다.

3. 매뉴얼의 목적

매뉴얼의 목적은 최고의 성과를 거두기 위한 것이며, 모든 고객에게 제공하는 상품, 서비스의 균일성, 동질성을 확보하는 데 있다. 따라서 매뉴얼은 직원들이 준수하여야 하는 기준인 것이다.

매뉴얼은 지킬 수 없는 기준이나 규범은 만들지 말아야 한다. 즉 매뉴얼은 해서는 안 될 것과 해야 할 것을 기술하고, 가장 바람직한 것의 순서로 기술하는 방법으로 만들 필요가 있다.

매뉴얼은 보강하거나 개정할 수 있다. 한 번 만들어져 그대로 반영구적으로 사용한다고 하면 그 매뉴얼은 제대로 사용되지 않아 매뉴얼로서의 기능을 다하

지 못하게 된다.

4. 매뉴얼 작성

모든 직원들에게 가능한 한 쉽고 구체적인 실시 요령을 매뉴얼로 만들어야 하며, 또한 경영 노하우를 전개하고 실현하기 위해, 외식사업의 효과적인 기능을 발휘하기 위해서 매뉴얼을 작성하여야 한다.

1) 매뉴얼 작성의 기본사항

① What : 업무의 종류와 목표, 대상이 되는 상품, 메뉴, 서비스 등에 대해서 구체적으로 명시 가능한 것

② Why : 어떤 결과가 나왔는가와 같은 인과관계를 명확히 표시하여 이해할 수 있는 형태가 중요

③ When : 시간대로 봐서 일의 농도는 어떠한가 등, 시각과 시간, 기간 등

④ Who : 그 업무와 관련 있는 사람은 누구인가? 책임자와 담당자는 누구인가? 누구에게 보고하고 지시를 받지 않으면 안 되는가? 누구를 위한 서비스인가? 등

⑤ Where : 그 일은 어디서 행해지는가? 어디에 그것을 두는가? 상품의 기록이나 보관은 어디서 행해지는가? 어느 거래처로 연락하면 되는지 등

⑥ How : 일을 효율적으로 하기 위한 순서, 준비, 해결하기 위한 수단, 문제가 발생한 경우 어떻게 처리해야 하는가? 등

2) 매뉴얼 작성

① 접근적 방법 : 일상생활 내에서의 문제점이나 저해요인을 분석하여 그것을 해결해서 순조롭게 일을 해 나갈 수 있는 흐름을 만드는 방법

② 이상적인 업무 프로그램을 설계하고 그것을 유지하기 위해서는 어떻게 하면 좋을까 라는 방향에서 매뉴얼을 작성하는 방법 : 매뉴얼은 항상 정기적인 재평가와 재검토가 이루어져야 한다.

5. 표준 레시피(Standard Recipe)

표준 레시피란 음식별로 적정한 재료의 분량과 조리방법 등을 나타낸 것으로, 음식상품을 생산·판매할 때 그리고 식재료를 구입할 때 기준이 되며, 조리작업을 효율화하고 음식의 품질을 일정하게 유지하는데 매우 중요하다.

표준 레시피를 만드는 데는 많은 시간과 노력이 필요하다. 아이디어가 제공되면 시장조사를 통해 고객의 정보를 모으고, 고객의 정보를 바탕으로 음식상품을 만들며 음식을 평가할 수 있는 사람들로 시식회를 구성하고 시식회를 통해 표적시장을 정한다.

또한 음식상품과 고객의 기대와 차이를 줄이는 과정을 반복하여 음식상품이 결정되고, 경제성이 확인되면 그 결과를 가지고 표준 레시피를 만들게 된다.

표준 레시피의 장점은 다음과 같다.

- 음식상품의 질과 양이 동일하게 유지된다.
- 낭비를 줄이기 때문에 원가가 절감된다.
- 원가산출이 용이하여 가격결정에 도움을 준다.
- 조리사들에 대한 훈련이 쉽다.
- 음식의 관리가 쉬워진다.

제2절 식품의 생산관리

1. 생산관리

대량생산을 할 수 있는 설비가 갖추어지기 시작한 것이 19세기 후반에 분업체계를 갖춘 주방업무와 대량생산을 할 수 있는 주방시설이 준비되기 시작하면서 생산관리가 이루어진 것이다. 능률적이고 합리적, 과학적인 방법들이 주변산업의 발전과 기술적인 변화로 외식산업에도 도입되었다.

STANDRAD RECIPE

◆RESTAURANT: Banquet/k   NO :1

◆MENU : SAUTED SCALLOP WITH SPINACH NOODLE

◆CONSUMED :   COST :   0.0   %

INGREDIENT	UINT	QUANTITY	UNIT COST	TOTAL COST
Scallop	gr	130	26	3,315
Spinach	gr	50	6	290
Chervil	gr	50	43	2,125
Thyme	gr	10	57	567
Fresh cream	ml	40	4	176
Flour	gr	40	1	40
Lobster sauce	ml	30	83	2,490
Hot vegetable	ea	1	1,000	1,000
				-
				-
				-
				-
				-
				-
				-
				-
				-
	TOTAL(합계)			10,003
	합계÷인원수=1인원가			125

<METHOD>	Total	1인 원가	판매가	COST	TOTAL COST(%
	10,003	125			

호텔에서 많이 쓰이는 레시피 양식

1) 생산관리의 목적

생산관리의 목적은 주어진 예산범위 내에서 양적·질적으로 훌륭한 음식상품을 생산하여 적시에 고객에게 판매하는 데 있다. 식음료의 생산관리는 식재료를 구입하는 단계부터 마지막 단계인 고객에게 제공하기까지의 모든 활동을 말한다.

식음료 생산관리는 식재료를 구입하는 단계부터 마지막 단계인 고객에게 제공하기까지의 모든 활동을 말한다. 식음료를 생산하고 제공하기 위한 시설은 외식산업이 갖는 특성 때문에 다른 산업보다 복잡하다.

또한 다양한 종류의 메뉴를 판매하는 주문에 의한 다품종 소량 생산의 구조이며, 아침, 점심, 저녁에 따라 다른 구조의 메뉴를 판매할 수 있으며 식당에서의 바쁜 시간대와 그렇지 못한 때가 뚜렷이 구별된다.

2) 작업관리

(1) 작업관리의 목적

작업관리란 주방에서 일어나는 여러 가지 작업들의 작업방법과 작업조건 등을 조사·연구하고 방법을 모색하는 활동이다.

작업관리의 목적을 이루기 위해서는 다음과 같은 활동을 해야 한다.

- 작업의 능률화 작업
- 작업시간의 단축
- 생산량의 증대
- 품질의 개선과 균일화 작업
- 원가의 절감

(2) 작업관리의 과정

작업관리의 과정은 작업을 계획하고, 작업에 필요한 조직을 만든 후 진행 결과에 따라 작업을 조정하며, 지휘하고 그 결과를 검토·통제하는 것이다. 계획은 필요로 하는 작업의 목표나 방침, 실시방법, 절차를 결정하고 실시계획 및 일정계획을 세우는 것이다. 통제는 목표와 실제 성과가 일치되도록 하는 기능이다.

3) 시설계획

주방시설의 주요 목표는 표적시장에 적절한 제품을 제공할 수 있게 하기 위함이다. 장비와 작업대의 적절한 동선 배치는 필수적이며, 진열대 높이·테이블 모양·크기·높이·조명·환기·소음방지시설 등의 계획은 안전한 작업공간과 유연한 생산 흐름을 유도하는 중요한 사안이다.

4) 작업의 표준화

조리작업 표준화는 작업공정과 작업동작의 실태를 조사하고 분석, 검토하여 합리적이고 과학적인 작업방법과 작업시간을 결정하는 것을 말한다.

주방에서의 표준화 작업은 일의 능률을 향상시킬 뿐 아니라 인력절감, 원가절감 등 식당경영의 다방면에 이익을 준다.

(1) 주방작업의 표준화를 할 경우 장점

① 원가를 절감
② 매뉴얼을 만들기 쉽다.
③ 사업을 기획적, 의도적으로 진행
④ 재고, 배송관리를 사전에 통제
⑤ 품질관리를 기할 수 있다.
⑥ 조리시간 단축
⑦ 숙련된 조리사가 아니더라도 조리가 가능
⑧ 일정한 수준의 품질을 유지

(2) 표준화를 위한 절차

① 문제의 발견
② 현상분석
③ 문제의 중점 발견
④ 개선안의 작성

제3절 식품의 품질관리

1) 생산적 품질관리

(1) 품질의 인식차이

식당의 품질관리는 종사원의 선발과 훈련, 종사원에 대한 교육과 훈련을 통하여 양질의 서비스를 고객에게 제공하는 것이다. 프랜차이즈의 경우에는 어디서든지 동일한 서비스를 받게 되는데, 이는 서비스 업무의 표준화 때문이다.

① 소비자와 경영자의 인식차이 : 경영자는 고객이 항상 더 좋은 음식을 원한다고 생각할지 모르나 고객이 때로는 친절한 종사원에 대해 더 큰 관심을 갖고 있을 수 있다.

② 경영자의 인식과 서비스 질의 인지도 : 경영자는 고객이 무엇을 원하는지 정확히 수행표준을 제시하지는 못하더라도 종사원에게 양적인 설명 없이 고객에게 신속한 서비스를 강요할 수 있다.

③ 서비스질의 설명과 서비스 전달과정의 차별화 : 신속한 서비스와 고객을 응대하는 것과 같은 표준에서 갈등을 겪을 수 있다.

④ 서비스 전달과 외부 커뮤니케이션의 차이 : 소비자의 기대가 회사대표나 광고에 의해서 영향을 받을 수 있다.

⑤ 인식도의 서비스와 기대 서비스의 차이 : 고객이 다른 각도에서 회사의 서비스를 측정하거나 서비스의 질을 잘못 인식할 경우에 나타난다.

(2) 품질관리와 표준량 목표

메뉴의 개발과정에서는 표준량 목표를 확정하여 상품화해야 메뉴 개발이 완료 되는데 항상 표준을 유지할 수 있도록 기록되어 있다.

2) 품질관리를 위한 관능검사

관능적 품질관리란 식사에 대한 고객의 반응을 조사하기 위한 것으로 음식에

대한 고객의 기호도 조사, 구매빈도 조사, 관능검사, 잔반량 조사 등이 포함된다.

관능검사는 음식에 대한 반응을 측정하기 위한 방법으로 사용된다. 잔반량 조사는 음식에 대한 고객의 수용도를 측정하기 위해 저울을 이용하여 잔반량을 측정하기도 하고, 관찰자에 의해 측정하기도 하는 것이다.

3) 영양적 품질관리

영양적 품질관리는 음식 생산의 여러 단계에서 일어나는 영양소의 손실을 최소화할 수 있는 방안을 모색하기 위한 것이다. 영양적 품질관리를 통하여 음식의 영양소 손실을 최소화하는 것도 품질관리의 한 방법이다.

4) 크레임 처리 매뉴얼

(1) 크레임 접수와 대응의 기본자세

① 고객의 신고내용을 성의껏 잘 듣는다.

- 이 시점에서는 자세하게 질문하지 않고, 능숙하게 잘 듣는 것이 중요하다.
- 고객의 이야기가 끝나면 주소, 성명, 전화번호, 음식을 먹은 상황과 그 결과를 듣고 "대단히 죄송합니다. 즉시 상사에게 보고 드리겠으니 고객님께서는 댁에 계십시오"라고 대응한다.
- 고객에게 해서는 안 되는 말은 "참으세요, 버리세요, 가지고 와주세요" 등의 말은 삼간다.

② 보고를 받은 매니저는 고객의 집을 방문한다.

- 본부에 보고하고 지시를 받는다.
- 크레임 접수 후 1시간 이내에 고객의 댁으로 방문한다.
- 복장은 정장으로 갈아입고 명함을 잊지 않도록 한다.

③ 방문 시에 있어 대응과 확인

- 위로의 말을 먼저 하고 본인 신분을 밝히고 사과를 한다.
- 고객의 이야기(주장, 요구)를 정확히 파악한다.

- 고객의 이야기에 동조하면서 끝까지 참으면서 듣는다.
- 대립적인 대화가 되지 않도록 하며 위로의 말을 반드시 한다.
- 고객의 이야기 중에서 불명확한 점이 있으면 조심스럽게 묻는다.

(2) 크레임 확인사항

① 점포에서 음식을 섭취한 일시와 구입 일시
② 상품명, 제조 연월일
③ 가정에서의 보존방법
④ 섭취일시(가정에서, 상점에서)
⑤ 먹은 사람 몇 명 중에 몇 명이 같은 증상인가?
⑥ 발병 일시
⑦ 증상의 결과
⑧ 조리방법, 동시에 먹은 다른 식품
⑨ 먹은 전후의 식사는 무엇인가? 몇 시였는가?
⑩ 진료의사의 주소, 성명(주의할 점-가능한 고객의 감정이 상하지 않도록 유도하는 형태로)
⑪ 고객의 요구를 충분히 들은 후 심정적으로 고객의 입장에 서서 당사의 자세(금후의 대책)를 조용히 서두르지 않고 설명한다.

(3) 당사의 자세

① 상품에 문제가 있는지 없는지를 검사한다.
② 검사결과에 대하여 다소 시간을 필요로 한다.
③ 증상의 경중을 묻지 말고 통원을 권하고, 우선 초진료 비용은 당사에서 부담한다(경비에서 출금하고 영수증을 요구한다).
④ 당사의 최초 처치에서 일련의 행동이 고객에게 성의 있게 받아들여지고 있는가를 바르게 파악한다.
⑤ 결과를 본부에 보고한다.

제4절 식품의 유통경로

1) 식품의 유통경로

식품의 유통은 어떤 제품을 소비자에게 전달하는 과정이며, 소비자가 필요한 제품을 생산하여 판매를 통해 소비자의 욕구에 맞추어 나가는 것이다. 식품의 유통경로는 재화·서비스·정보와 자금의 흐름을 통하여 물적 거래유통의 활발한 경제활동의 순환을 원활하게 하는 것이다. 공급에서 수요로 원활한 사회적 이동을 처리하는 경제적 배분과정을 유통이라 한다.

(1) 유통경로의 정의

유통이란 제품을 소비자에게 전달하는 과정을 말하며, 제품을 생산자로부터 소비자에게 전달하는 연결과정이라고 한다. 유통경로는 제품의 경제활동을 원활하게 하고 상품을 산지에서 생산되는 과정에 개입하여 소비자에게 이전되도록 유통기관이 참여하게 된다.

① 유통의 3요소 : 무엇을, 언제, 어디로(소비자의 필요와 욕구충족의 대응)
② 유통기관들의 수행활동 : 구매, 판매, 수송, 보관, 시장금융, 위험부담, 촉진, 정보제공
③ 제품이나 서비스가 용이하고 효율적으로 소비될 수 있도록 해주는 기능

(2) 유통경로의 기능

상품을 소비자에게 양질의 제품을 값싸고 신속하게 전달하기 위해 도매·소매·운송·금융기관 등이 유통기관에 참여하여 유통기능을 이상적으로 수행하도록 모색한다.

① 물적 흐름 : 생산지에서 소비지로 물리적으로 이동시키는 활동이다.
② 소유권의 흐름 : 생산자에게서 중간상·소비자에게 이전되는 것을 말한다.

③ 대금지급의 흐름 : 소비자에게서 생산자에게 대금이 빠르게 지급되는 비용 경제성이 확보되도록 한다.

④ 정보의 흐름 : 상호간의 정보교환을 통하여 판매량·가격·유행흐름·수집·제공·공유한다.

⑤ 촉진의 흐름 : 제조업자는 도매상·소매상·소비자에게 제품판매·홍보·판촉활동을 하게 된다.

(3) 유통경로의 유형

① 직접 판매경로 : 생산자와 소비자의 요구되는 유통경로를 직접 판매에 관여한다.

② 간접 판매경로 : 제품이 전문적 유통기관들의 개입에 의해 형성하게 된다 (도매상·소매상·대리점).

2) 유통시스템

유통조직은 각 국가별 정치·사회·경제·문화·환경 등을 토대로 유통환경과 관련기관을 통하여 유기적 연계성에 의해 유통조직의 형태가 제도화되고 있다.

(1) 유통시스템

① 유통시스템 : 유통경로와 유통기구를 구성하는 요소

② 생산활동과 소비활동을 연결하여 경제시스템을 구성하는 요소

③ 생산자와 소비자 간의 지리적·시간적·사회적·경제적 거리를 극복

(2) 유통조직의 유형

① 정부주도형 : 유통에 직·간접적으로 시장기능을 수행하는 형태로 정부는 유통시설투자와 조직활동까지 참여하고 적정가격 형성과 소비자의 입장에서 가격안정을 주도한다.

② 마케팅 보드형 : 농산물유통을 품목별로 관리·운영, 유통기능시스템에 대한 생산계획의 수립, 출하량의 조절, 품질등급, 운송체계 감독, 품질개선 연

구개발, 광고・홍보, 판매촉진을 수행하고 농산물의 공급과 수요의 균형을
유지한다.

③ 민간주도형 : 자유시장 경제체제 논리, 생산자・상인・소비자가 시장원리
에 의해 농산물을 유통시키고, 정부는 경쟁가격의 유지와 독과점방지 및
유통인에 대한 소비자 보호 등의 규제나 법률로서 실시하고 직접적인 참여
는 하지 않는다.

④ 혼합형 : 정부주도형과 마케팅 보드형 및 민간주도형을 각국의 설정에 맞게
혼합하여 유통제도를 운영하고, 정부는 유통시설을 사회간접자본으로 인
식하여 적극적으로 지원하여 자유경쟁이 최대로 보장된다.

(3) 농수산물 유통상의 특징

농수산물의 유통은 식품의 원자재로서 뿐만 아니라 식재료로 공급되는 부분
과 제조・가공을 통하여 유통되는 생산구조와 유통구조의 특징을 지니고 있다.

① 상품 자체의 특색으로 소재 중심의 생산물이기 때문에 유통경로의 중요성
이 요구되며, 상품의 손상과 부패에 용이하고, 표준화와 조절작업이 중요
하다. 또한 품질의 선별작입과 혼힙으로 상품회를 통헤 소비자의 요구에
대응하고, 유통정보의 흐름을 파악하여 시기에 따른 유통이 적절하게 이루
어져야 하며, 상품의 규격화가 어려워 불공정거래의 위험이 있다.

② 유통구조상의 특색으로 농산물은 다른 상품과는 달리 유통구조상 기업형
보다는 생업적 가내주도형을 지향하고 있으며, 배분원리에 의해 유통기관
개입의 다양성이 내재되어 있다.

③ 식품 유통상의 문제점으로 농수산물은 기후와 환경에 따라 상품수확에 변화
가 생기고, 생산공급의 불안정이나 계절 간 가격변동의 심화, 상품성 유지의
어려움, 규격화 유지의 어려움, 운송비의 과다와 농가별 유통활동의 영세성
이 유통시장의 흐름이나 가격을 교란시키거나 변동의 원인이 되기도 한다.

(4) 식품 유통체계의 기능

유통체제상 주요 3대기능인 저장・가공・운송하여 생산자와 소비자 간의 지

역·거리·시간적 격차를 줄이고 원활하게 하는 매체기능을 말한다.

① 생산기능 : 농·수·축산물에 대해 생산활동에 참여하지만 영세하고, 산지 및 집하장의 기능과 성격을 가진다.

② 저장관리기능 : 유통구조상의 저장관리와 가격민감성, 생산량, 품질유지, 부패성, 구급불안정의 시간적인 격차극복, 가격출하의 완급조절, 대량거래 및 운송상의 이점극대화, 제조·가공·요리 등의 전단계로서의 저장기능을 가진다.

③ 제조가공기능 : 식품의 제조·가공·요리를 토대로 식량자원의 다양화·품질향상 등 중요한 유통기능을 하고 생산자와 소비자 간의 지역적으로 거리와 시간의 격차를 좁혀 주는 매체기능을 한다.

④ 운송기능 : 농수산물의 물류기능 측면에서 다양하게 이루어지고, 재화와 서비스의 이전기능, 장소와 경제적인 효용가치를 높이고 물류의 거리를 단축하여 유통산업의 활성화와 전문화를 통해 유통비용을 절감하게 된다.

⑤ 소비기능 : 저장·가공·운송기능을 통해서 부가가치를 향상시키고 소비기능을 통해 식생활 향상에 기여한다.

3) 주요 식품의 유통경로

식품의 주요 유통경로는 상품이 지닌 특성과 환경·제도에 따라 유통이 변화하고 발전한다. 따라서 식품이 지닌 특성은 유통경로가 지역과 계절에 영향을 받고, 국가에 따라 영향을 받기도 한다.

(1) 육 류

농가와 소비자 간의 도축장을 통하여 도매·소매의 경로를 거쳐 일반 소비자에게 연결하는 유통경로가 있고, 지방에서는 수집 반출상을 통하여 수집 및 반출되고, 도시에서는 도소매상을 중심으로 유통과정에 참여하고 있다.

(2) 육 계

수집상이 도매상과 도계 기능을 겸한 기능, 축협이 생계를 구입 의뢰·도계한

다음 직매와 대량수요처에 연결한다.

(3) 수산물

수산물은 일반적으로 품목에 따라 다음과 같은 유통경로를 가지고 있다.

① 선어류→ 수협위판→ 도매상→ 소매상
② 건어물→ 산지수집상→ 가공·도매→ 중간도매→ 소매상
③ 냉동어류→ 원양선자회사→ 소비자도매상, 중간도매상→ 소매상
④ 청과물 : 품목에 따라 차이를 나타낸다.
⑤ 수집상→ 반출상(위탁상)→ 중간도매→ 소매상
⑥ 정기시장→ 소비자
⑦ 단협·출하단지→ 공판장·결정도매→ 소매상

(4) 김치 및 절임류

김치는 배추가 생산되는 지역이나 산지의 환경과 수확되는 계절에 따라 다르고, 김치를 담그는 방법과 첨가되는 재료에 따라 다르며, 배합비율이나 숙성방법에 따라 다양한 상품으로 판매되고 있다. 일반적으로 유통경로는 생산자에서 산지를 거쳐 중간도매상을 거쳐 소매자로 이어진다.

(5) 미 곡

상인·농협·정부관리→ 공판·도매→ 농협판매점·미곡소매를 통하여 소비자에게 전달되는데, 산지나 소비자의 미곡시장은 저장·수송·거리에 따라 유통의 변화가 생기고, 구매자가 유통정보를 수집하여 직접 거래하는 형태도 증가하고 있다.

상식코너
식탁에서 사라질 예정인 5가지 메뉴?

미국의 외교전문지 포린폴리시(FP)는 남획이나 새 도덕적 기준, 또는 건강상의 이유로 머지않아 식탁에서 영원히 사라질 메뉴 5가지를 꼽았다. 이 잡지는 인터넷판 기사에서 5가지 음식이 사라질 이유를 설명하면서 미리 먹어둘 것을 권했다.

1. 푸아그라(거위 간)

거위나 오리를 4~5개월 간 운동을 시키지 않고 사료를 많이 먹여서 살이 찌도록 해 간을 커지게 한 뒤 그 간으로 요리를 한다. 동물 학대 논란이 끊이지 않았고, 4년 전 미국 캘리포니아 주는 이 요리를 2012년부터 금지하는 법안을 통과시켰다.

2. 감자튀김(프렌치 프라이)

트랜스 지방 덩어리로 알려져 있는 프렌지 프라이는 비만반대 운동을 벌이는 이들로부터 퇴출 압력을 받고 있다. 덴마크는 2004년 세계 처음으로 트렌스 지방 사용을 금지하였고 스위스가 그 해 4월 그 뒤를 이었다. 뉴욕과 보스턴 등 미국의 몇몇 도시들도 금지 대열에 동참했다.

3. 철갑상어알(케비어)

세계의 미식가들이 카스피해에서 나는 철갑상어를 앞다퉈 찾으면서 철갑상어는 씨가 말랐다. 유엔은 2006년 카스피해산 철갑상어 캐비어 무역을 전면 금지했다가 2008년부터 부분적으로 이를 해제하고 2005년 생산량의 15% 이하로 조업량을 제한했다.

4. 송아지고기

어린 송아지고기는 아직 근육이 발달하지 않아 육질이 부드럽다. 송아지 농장에서는 고기를 부드럽게 하기 위해 도축 전 송아지들을 나무틀에 가둬서 운동량을 최소화시킨다. 영국은 1990년 이래 이러한 나무 사용을 금지했고 유럽연합(EU)은 이를 금지했다. 미국 일부 주에서도 이를 시행할 예정이다.

5. 칠레산 농어

남쪽바다의 '백금'으로 불리는 칠레산 농어는 멸종 위기에 처해있기 때문에 식탁에서 곧 사라질 운명이다. 1천 명 이상의 미국 요리사들은 최근 칠레산 농어 요리를 하지 않겠다고 선언했다.

출처 美 포린폴리시誌 발표

제11장

표준원가와 원가산출

제1절 주방 식재료 구매와 원가관리

1. 주방 식재료 구매

주방에 들어오는 식재료가 얼마나 저렴한 가격에 얼마만큼 좋은 재료가 들어오느냐에 따라서 원가관리의 효율화가 이루어진다. 그러므로 식재료를 구입할 때는 그 방면에 전문적인 사람이 구입하는 것이 원칙이다. 식재료 구매관리는 레스토랑 운영에서 매출과 작업능률 상품의 질 등에 직접적인 영향을 미치므로 철저한 구매 계획을 수립하여야 한다. 다음은 식재료 구매시 유의사항이다.

1) 기초 정보의 확립

① 구매기록에 대한 기록, 자료의 보관
② 가격 변화에 대한 기록 보유 및 식음료 판매업자에 관한 계속적 기록의 보유
③ 식음료 판매업자에 관한 기록의 유지 및 보관기간 설정
④ 구매 명세서 파일
⑤ 취급 품목에 관한 설명서 보관

2) 조사연구

① 시장 및 취급 품목에 관한 연구
② 공급원에 관한 정보 평가
③ 식재료 상의 생산지나 업체를 방문 및 조사
④ 많은 거래처의 확보

3) 물품의 획득과 조달

① 물품 청구서의 검토
② 견적서의 관리 및 분석
③ 납품업자의 면접

④ 구매와 배달일정 계획

⑤ 계약 내용의 협상과 법적 검토

⑥ 구매를 위한 발주 및 각 부서별 주문의 접수

4) 구매 담당자의 자격요건

① 식재료에 대한 특성 숙지

② 식재료의 상품화 과정 숙지

③ 식재료의 생산지 및 유통경로와 경제성 숙지

④ 도덕적으로 깨끗해야 한다.

5) 구매 관리자의 역할과 책임

① 건전하고 실현 가능성이 있는 구매정책을 수립하고 정책에 따라서 모든 구매 활동이 이루어지고 있는가를 검토 관리한다.

② 구매업자와 들어오는 물건이 적정가격, 적당량으로 들어오는지 검토한다.

③ 같은 상품을 구입하는 우호적인 경쟁사와 가격을 비교해 본다.

④ 이미 구입된 상품을 검사한다.

식재료 구매의 중요성은 매우 중요하다. 매일 경영활동 결과로 발생되는 모든 비용 중 재료비가 최대의 비용으로 표출되고 있다. 과대한 식재료 원가의 높은 비용은 구매와 검수 저장과 출고에 이르는 활동에서 발생하므로 구매부의 철저한 관리 하에 구매부 자체의 관리로 검수와 저장에서 각별한 주의를 기울여야 하며, 각 부서에서는 운반과정에서 조리과정 또는 냉장보관상태 등에서 모두 입체적으로 이루어져야 원가관리가 효율적으로 이루어질 수 있는 것이다.

2. 원가의 요소와 구성

1) 원가요소

원가를 구성하는 각종의 경제 가치를 원가 구성요소라 한다. 원가는 경제 가치의 소비이며, 가치의 소비는 구체적으로는 유형, 무형의 재화의 소비로서 파악

되므로 각국의 원가요소는 이것을 경제적 발생의 원천인 재화의 종류에 의하여
분류한다.

(1) 유형성

물적 생산 요소인 유형적인 재화를 의미한다.

① 소비재 : 일회 사용에 의하여 완전히 소비되어버리는 재화로서 재료, 소모
품 등이 속한다.
② 사용재 : 사용재는 1회의 사용으로는 소비되어버리지 않고 반복하여 사용
할 수 있는 재화로서 건물, 기계 등의 고정 자산이 해당한다.

(2) 용 역

비물리적 생산요소인 광의의 무형적 재화를 가리킨다.

① 인적용역 : 업장에서부터 기사 청소요원 등과 조리사 등의 노동력이다.
② 연속재의 이용 : 고정자산의 사용을 의미하는 것이 아니라 계속적인 자본의
이용을 의미한다.
③ 원가요소의 구분
  - 재료비(Material Cost) : 소비재의 소비에서 발생하는 원가요소
  - 감가상각비(Depreciation) : 사용재의 소비에서 발생하는 원가요소
  - 노무비(Labour Cost) : 인적 용역의 소비에서 발생하는 원가요소
  - 이자(Interest) : 연속재, 즉 자본의 이용에서 발생하는 원가요소
  - 원가의 3요소는 재료비, 노무비, 경비이며, 경비는 감가상각비, 이자 혼합
    비이다.

2) 원가의 구성

(1) 직접 원가

직접비인 원가요소만으로 구성된 원가로서, 직접재료비, 직접노무비, 직접경
비의 3가지를 포함한다. 이것을 기초원가라 한다.

(2) 제조원가

직접 원가에 제조 간접비를 할당한 것으로 공공 기업의 내부 활동에 의하여 제기된 모든 원가요소를 포함한다. 제조원가는 생산원가라고 부르기도 한다.

(3) 총원가

제조원가에 다시 판매비의 일반관리비를 할당하여 계산된 원가이다. 총원가는 제품이 제조되어 이것이 판매될 때까지 생긴 모든 원가 요소를 포함하는 것이므로 이것을 판매원가라고도 하며 또 제3원가라고 부르기도 한다.

(4) 판매가격

제품이 매각되는 가격이다. 따라서 정상적 조건 하에 있어서는 총원가 외의 이익을 포함한다. 판매가격은 기업가 자신이 이것을 결정하는 경우와 기업과의 의지와 관계없이 당 제품의 수요와 공급관계에 의하여 결정되는 경우가 많다.

원가 구성을 요약하면 다음과 같다.

① 직접원가 = 직접재료비 + 직접노무비 + 직접경비
② 제조원가 = 직접원가 + 제조간접비
③ 총원가 = 제조원가 + 판매비와 일반관리비
④ 판매가격 = 총원가 + 이익

				이 익	
			판매관리비		
			일반관리비 판매간접비		판매가격
		제조간접비		총원가	
직접경비 직접인건비 직접재료비	직접원가 (기초원가)		제조원가		

3) 비율에 의한 원가관리

- 계획단계 : 많은 시간과 노력이 필요, 상세하고 치밀하게 진행
- 비교단계 : 끊임없이 비교하게 되면 문제점들이 해결
- 수정단계 : 문제해결의 방법 모색이 필요
- 개선단계 : 영업운영 자체와 관리절차까지 개선시키는 연구가 필요

(1) 원가계산

① 재료비의 계산

- 계속기록법 : 모든 사용량을 계속 기록하여 재료비 소비량을 계산하는 방법
- 재고조사법 : 일정 시기에 재료의 기말재고량을 조사하여 계산하는 방법
    - 식재료 사용액 = 기초재고 + 당기구입 - 기말재고
    - 식재료 원가율 = 식재료 사용액 ÷ 총매출액 × 100
- 역 계산법 : 표준소비량을 정하고 그것을 제품의 수량에 곱하여 전체소비량을 산출하는 방법
    - 재료소비량 = 표준소비량 × 생산량

② 재료비 계산법

- 개별법 : 사용한 재료의 구입가별로 기록 작성하여 사용한 재료비를 계산
- 선입선출법 : 재료의 구입 순서에 따라 소비한다는 가정 아래 재료 소비 가격을 계산
- 후입선출법 : 가장 최근에 구입한 재료를 먼저 소비한다는 가정 아래 소비 가격을 계산
- 단순평균법 : 일정기간 동안 구입한 재료의 평균가격을 적용한 방법
- 이동평균법 : 구입할 때마다 재고량과 가중 평균가를 산출하여 재료 소비 가격을 계산

(2) 원가관리의 형태

① 비율에 의한 원가관리제도 : 식료의 원가를 매출로 나눔으로서 계산되는 원

가율을 기초로, 식재료의 원가가 매출의 일정범위 내에 있도록 관리하려는 통계적 개념에서 성립된 것이다. 비교가 용이하고 높은 식료원가 여부를 밝히는 데 효과적이다.

② 상품군별 원가관리 : 비율에 의한 원가관리의 보조수단으로 각 상품별로 원가를 계산하여 관리하는 방법이다. 어느 상품 그룹에서 과대원가가 발생하였는지 발견하는 데 효과적이다.

③ 원가차이 분석

- 식재료 가격차이 : 표준 재료가격과 실제 가격의 차이
  - 가격차이 = (실제소비량 × 실제가격) - (실제소비량 × 표준가격)
- 가격차이의 원인 : 시장가격의 변동, 예정가격이 잘못 책정된 경우와 불리한 구매(구매량, 구매거래처, 구입방법)가 있다.
- 식재료 수량차이 : 실제소비량과 표준소비량의 차이
  - 수량차이 = (실제소비량 × 표준가격) - (표준소비량 × 표준가격)

④ 원가차이의 처리 : 철저한 재고조사와 사용량 추적으로 원가차이의 원인을 규명해야 한다. 식음료 원가 관리자는 모든 원가를 양호한 상태로 유지하고, 종사원을 교육시켜 달성된 양호한 수준의 원가가 무너지지 않도록 관리해야 한다.

(3) 원가측정방법

실제원가	확정원가 또는 보통원가로 그 제품의 제조를 위하여 실제로 소비된 경제가치이다.
예정원가	예상원가, 견적원가, 기대원가 또는 추정원가로 제품의 제조 이전에 예상되는 원가관리에 도움을 주는 자료가 된다.
표준원가	업체가 정상적으로 운영될 경우에 예상되는 원가로 영업활동이 최고 수준에 이르렀을 때 최소원가의 역할을 하여 실제원가를 통제하게 된다.

제2절 메뉴와 원가의 관계

1) 원가관리의 목적

식당의 원가관리 목적은 일반기업과 같이 경영전략 또는 예산계획에 따라 식재료를 구입·제조·판매함에 있어 최대의 이윤을 얻는 데 있다. 외식산업에서도 식음료의 원가관리의 기초가 되며, 성공적인 식음료 사업의 경영성과를 얻는 데 목적이 있다. 원가를 관리하는 데는 두 가지 주제에 초점을 맞출 필요가 있다.

첫째, 바람직한 원가관리 목표는 원가의 인하이다.

둘째, 올바른 원가계산을 통한 정확한 자료 수치나 정보에 의한 계획의 기능을 강화하는 방향으로 목표를 두는 것이 바람직하다.

2) 원가와 메뉴관리와의 관계

원가관리란 식재료 관리에 관련된 제수익과 비용에 대한 관리를 의미한다. 즉 투입된 경제적 가치를 의미한다. 따라서 식당경영에서 원가관리는 경영 그 자체라고 할 수 있는 것이다.

메뉴를 관리함에 있어서 고객의 필요와 욕구를 잘 파악해서 실행해야 함이 첫째 조건이지만 메뉴관리 궁극적이 목적은 이익의 극대화에 있다.

메뉴작성자는 첫째, 식품의 원가, 둘째, 음식에 대한 선호도, 셋째, 선호도가 좋은 음식의 판매가 다른 음식의 판매에 미치는 영향 등을 고려하여야 한다.

제3절 표준원가와 가격산출

1) 표준 원가관리제도의 정의

표준 원가관리는 표준이 되는 원가를 합리적·과학적인 방법을 통해 정해 놓

고, 사전에 정해 놓은 표준원가와 실제로 발생한 원가를 비교한 후 실제원가와 표준원가의 차이를 분석하여 문제의 원인을 파악하여 개선해 나가는 제도이다.

원가 표준의 설정은 직접재료비에 대한 재료비 표준으로 표준원가를 산정하는 것이 바람직하다.

2) 표준 원가계산

표준 원가계산이란 그 기업에 합당한 표준을 정한 후 그 표준에 따라 미리 재료비를 결정하여 사전원가를 계산하는 것이다. 표준 원가계산은 경영관리의 목적, 의사결정의 목적, 비용절약의 목적을 지니고 있다.

① 표준원가를 공정한 계산으로 효율적으로 관리할 수 있다.
② 식음료 원가절감을 기대할 수 있다.
③ 표준원가를 작성하여 작업의 능률화가 가능하다.
④ 판매 분석이 용이하다.
⑤ 변동원가의 계산이 쉽다.
⑥ 원가보고서 작성이 쉽다.
⑦ 경영관리 효율화를 기대할 수 있다.

3) 표준의 설정

(1) 표준 구매명세서(Standard Purchase Specification)

표준 구매명세서란 구입하고자 하는 품목에 대한 품질, 규격, 무게, 수량 및 기타 질적 특성을 간략하게 기술한 명세표이다.

구매 책임자, 원가관리 책임자, 주방장의 협조 하에 작성되며 필요할 때는 신속히 수정되어야 한다.

(2) 표준량 목표(Standard Recipe Card)

첫째, 제조원가의 산정이 쉬워서 적정한 판매가격의 결정에 도움, 둘째, 표준 식료원가의 결정에 기여, 셋째, 품질관리에 기여, 넷째, 미숙련 근무자의 대한 도

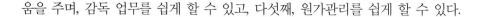

움을 주며, 감독 업무를 쉽게 할 수 있고, 다섯째, 원가관리를 쉽게 할 수 있다.

(3) 표준 산출량(Standard Portion Yield)

조리나 준비 과정상의 감손이나 낭비를 최소한으로 줄임으로서 재료비 원가를 관리하려는 목적에서 수립되는 능률적인 생산과 표준이다. 음식물을 만들 때 손실을 최소화할 수 있으며, 이를 목적으로 표준 산출량을 정하게 된다.

(4) 표준 분량규격(Standard Portion Sizes)

표준 분량규격을 정하는 이유는 고객에게 제공할 음식의 정확한 양을 결정하고, 적정량의 식음료를 제공함으로서 고객의 권익을 보호하며, 일정량을 제공하는 공정한 서비스를 도모할 수 있기 때문이다.

(5) 표준 분량원가(Standard Portion Cost)

산출된 원가는 메뉴의 가격결정이나 메뉴 분석, 메뉴 엔지니어링의 기초자료로서 여러 곳에서 활용되며 원가관리의 기초자료가 되기도 한다.

4) 표준 원가의 설정기준

표준 원가의 설정은 다음과 같은 효과를 가져온다.

① 표준 원가의 공정한 계산으로 효율적인 관리를 할 수 있다.
② 메뉴 및 표준 원가를 작성하여 작업의 능률화를 할 수 있다.
③ 판매 분석과 변동 원가계산이 용이하다.
④ 경영성과 분석이 용이하며 경영관리의 효율화를 기대할 수 있다.

여러 가지의 업무 이해의 관계 여건에 따라서 실제 원가와 표준원가의 차이는 다르게 나타날 수 있다. 차이가 다르게 나타나는 경우는 다음과 같다.

① 예정된 목표 매출액과 실제 매출액과의 많은 차이가 발생했을 때

② 고객 편의시설이 불안전한 상태일 때

③ 주방 부서의 장기근무를 시킬 때

④ 재료 취급시 부주의할 때

⑤ 너무 잦은 이직률이 있을 때

⑥ 매일 원가의 심한 변동이 있을 때

⑦ 시설의 노후화로 감각삼각비의 고비용이 발생할 때

⑧ 급료의 변동으로 직원의 사기 저하나 경영주의 실책으로 인한 감정 격화가 있을 때 등에 많은 원가비용이 소요된다.

원가관리를 성공적으로 수행하기 위해서는 표준 원가를 정확하게 설정하고 서로 간에 인간적인 면에서 이루어져야 원가를 줄일 수 있으며, 재료비 변동의 2대 요인은 재료의 구입 가격과 소비 수량의 변동이다. 따라서 재료 소비 수량과 재료 구입가격 표준을 산정할 필요가 있다.

5) 가격 산출방법

음식의 가격을 결정하는 데는 여러 가지 제반 요인들이 작용을 하게 된다.

(1) 원가 산출표

원가계산, 시장조사 등에 관한 자료의 근거에 의해 계산 공식이나 산출가격 목표로 묶어 정리한 것으로 재료별, 원가 요소별, 가공 방법별 등에 따라 구분하여 정리한다.

(2) 표준 원가방식에 의한 가격 결정

식음료의 상품은 규격화된 것이 아니기 때문에 가격도 유사 상품의 시장가격에 의해 결정할 수가 없다. 그러므로 원가를 기준삼아 가격을 정해야 한다.

개별 원가에 의한 것은 다음 공식으로 나타낼 수 있다.

• 단가 = 재료비 + 가공비 + 직접 경비 + 이익

- 재료비 = 표준 재료 소요량 × 표준 단가
- 가공비 = 표준 시간 × 표준 가공비
- 직접 경비

  *가공비에는 노무비와 경비가 포함되어 있다. 가공비는 가공시간과 가공비율에 의해 계산되는 것인데 가공시간은 표준시간을 적용한다.

일반적인 상품의 표준 조리시간을 설정하는 목적은 다음과 같다.

- 원가 결정의 기초자료 제공
- 서비스 결정의 기초자료
- 음식을 만드는 시간과 능력파악 자료
- 조리사 배치와 조정의 기초자료

  경영의 목적은 적은 비용을 들여 많은 이익을 남기고자 하는 것이다. 이와 같이 경영의 목적을 성공적으로 수행하기 위해서는 구매방법, 상품의 품질, 재료의 가격, 재료의 저장 관리, 서비스와 종사원의 음식에 관한 정확한 지식과 기술 등이 균형을 이루어야 원가관리가 이루어질 수 있다.

상식코너
요리사에게 불은 무엇인가?

불은 요리사의 숙명이다. 세상의 어떤 요리사도 불 없이 음식을 만들지 못한다. 온도를 조절하고 불을 다루는 것은 요리사에게 피할 수 없는 숙제다. 그 숙제를 풀기 위해 오늘도 요리사들은 뜨거운 기름에 팔뚝을 데고 손가락을 다친다. 한때 인터넷에 축구선수 박지성의 발 사진이 화제가 된 적이 있다. 사진 속 박지성의 발톱은 날마다 지겹게 반복된 훈련에 깨져 있었고 발가락은 어그러진 모습이었다. 세계 최고의 팀에서 세계 최고 수준의 연봉을 받는 화려함 밑에 그 발이 있었다. 요리사들에게 '박지성의 발'은 기름과 불에 덴 팔뚝의 화상과 칼을 사용하다 베인 상처로서 조리사라면 이제 그것은 영광의 상처인 셈이다.

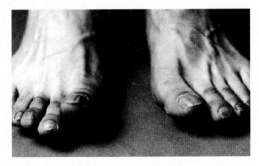

박지성 선수의 발

제12장

메뉴관리

제1절 메뉴의 이해

1. 메뉴의 정의

메뉴는 '고객이 알아보기 쉽도록 식음료의 품목과 가격을 작성·기록하여 고객이 식음료를 주문하는 데 필요한 정보를 제공하여 고객과 업소 간의 식음료 제공을 약속하는 차림표'로 정의되고 있으며, 식당에서 고객에게 상품을 판매하는 가장 중요한 수단 중의 하나이다. 식당에서 판매하는 상품이 메뉴이며, 그러므로 메뉴는 음식과 서비스가 합쳐진 상품을 뜻한다.

2. 메뉴의 종류

1) 품목변화 정도에 의한 분류

① 고정 메뉴 : 일정기간 동안 메뉴 품목이 변하지 않고 지속적으로 제공되는 것. 전문화할 수 있는 장점이 있지만 시장이 제한적
② 순환 메뉴 : 일정한 주기, 즉 월 또는 계절별로 일정기간을 가지고 변화하는 메뉴. 신선함과 계절별로 메뉴를 조절할 수 있지만 아주 숙련된 조리사 필요
③ 가변 메뉴 : 특별한 행사기간에 판매되는 메뉴

2) 내용적 분류

(1) 정식 메뉴(Table d'hote menu)

정식 메뉴란 'Full Course Menu'로서 한 끼 분량의 고객들에게 인기 있는 품목으로 구성된다. 전체적으로 조화를 이루어야 하며 보통 전채요리, 수프, 생선요리, 셔벗, 주요리, 샐러드, 과일, 후식, 치즈, 음료 등의 순서로 되어 있다.

- 5 Course Menu : 전체 → 수프 → 주요리 → 후식 → 음료
- 7 Course Menu : 전체 → 수프 → 생선 → 셔벗 → 주요리 → 후식 → 음료

(2) 일품요리 메뉴(A La Carte menu)

고객의 기호에 따른 주문에 의하여 제공되는 요리로서 각 순서(Course) 별로 여러 종류를 나열해 놓고 고객이 고를 수 있게 만들어진 차림표이다.

- 일품요리의 특성
  - 정식요리에 제공되는 품목보다 종류가 많다.
  - 각각의 요리 품목들은 개별적으로 주문해야 한다.
  - 음식의 가격은 개별적으로 계산한다.
  - 인건비가 높으며 낭비가 많다.
  - 식자재 관리가 어렵다.
  - 메뉴 관리가 어렵다.
  - 여러 가지를 주문하면 보통 코스요리보다 비싸다.
  - 계절별로 이국적인 고급요리를 제공하기도 한다.

(3) 뷔페 메뉴(Buffet menu)

뷔페 메뉴는 셀프서빙 방식으로 제공되는 메뉴로, 경우와 가격에 따라서 종류와 수준이 매우 다양하다. 정해진 가격과 시간으로 정해진 요리가 제공되기 때문에 코스 요리의 일종이라고 볼 수도 있다.

(4) 컴비네이션 메뉴(Combination menu)

정식요리 메뉴와 일품요리 메뉴의 혼합된 형태이다. 일품요리의 부족함을 보충해주는 형태의 메뉴이다.

3. 메뉴의 기능

- 식음료의 품목과 그 가격을 기록, 표시
- 판매의 기능을 수행
- 식당 경영방침의 집약
- 식당의 특성을 나타내고, 이미지를 형성

- 고객과 종업원의 마음을 연결
- 식음료의 연구자료가 되며, 레스토랑 이용객의 기호를 가르쳐 준다.

 ## 제2절 메뉴계획

1. 메뉴관리의 이해

메뉴는 고객의 필요와 욕구를 충족시키고 조직의 목표를 달성할 수 있도록 계획, 관리되어야 한다. 최저의 비용으로 고객에게 최대의 만족을 제공함과 동시에 최대의 이윤을 추구하여야 하는데, 이때 기능과 관리적인 능력을 겸비한 관리자가 필요하다.

2. 메뉴계획 시의 고려사항

1) 고객의 관점

① 고객의 욕구파악 : 표적시장을 결정하고 그 표적시장의 욕구와 경향을 분석
② 다양성과 매력성 : 음식에 대한 선호도와 습관을 가지고 있기 때문에 메뉴계획의 기본사항 중의 하나이다.
③ 영양적 요소 : 필요한 열량이나 영양분의 균형을 적절하게 조화

2) 관리적인 관점

① 조직의 목표 : 고객만족과 동시에 매출의 극대화를 이루고 필요이익을 달성하여야만 기업의 목표와 목적을 이룰 수 있다.
② 원가와 수익성 : 수익성이 없는 메뉴는 판매할 수 없다.
③ 식재료의 구입여부 : 식재료의 안정적인 공급이 어려운 메뉴는 판매를 고려해야 한다.

④ 조리기구 및 시설의 수용능력 : 가장 신속하고 경제적인 방법으로 고객을 만족시킬 수 있는 메뉴의 선정은 매우 중요하다.

3. 메뉴작성의 원칙

① 같은 재료로 두 가지 이상의 요리를 만들지 않는다.
② 요리의 장식에 주의해야 한다.
③ 비슷한 색의 요리를 반복하지 않는다.
④ 비슷한 소스(Sauce)를 중복하지 않는다.
⑤ 같은 조리방법을 두 가지 이상의 요리에 사용하지 않는다.
⑥ 요리코스의 균형은 경식에서 중식으로 맞춘다.
⑦ 식당과 주방의 장비 및 서비스 인원에 맞는 요리를 제공한다.
⑧ 계절, 요일 등의 감각에 알맞은 메뉴를 작성한다.
⑨ 영양배합은 중요한 고려사항 중의 하나이다.
⑩ 식품위생을 충분히 고려한다.

4. 메뉴의 계획

1) 메뉴 품목을 결정하는 순서

전채요리(Appetizer), 수프(Soup), 야채(Vegetable), 빵(Bread), 주요리(Main dish), 후식(Desserts), 음료(Beverage) 등의 요리 코스 중에서도 주요리(Main dish)를 우선적으로 결정하여야 한다.

2) 각 식료 군(group) 간의 균형유지

- 전채요리(Appetizer)
- 수프(Soup)
- 야채와 사이드 메뉴(Vegetables & Side dishes)
- 감자와 파스타, 밥(Potato, Pasta & Rice)
- 샐러드(Salad)

- 뜨거운 주요리(Hot Main dish)
- 육류(Meat)
- 가금류(Poultry)
- 해산물(Seafood)
- 차가운 주요리(Cold Main dish)
- 후식(Desserts)
- 치즈(Cheese)
- 과실류(Fruits)
- 음료(Beverages)

3) 메뉴의 다양화

메뉴의 다양화는 고객의 기호와 관련이 있으며, 조리 측면에서의 다양화가 필요하다.

5. 메뉴 계획의 기술적 요소

① 주기적인 메뉴를 계획한다.
② 메뉴의 유연성을 고려한다.
③ 메뉴의 내용을 간소화한다.
④ 메뉴를 계획, 작성할 때 다수의 의견을 고려한다.
⑤ 어린이용 메뉴를 고려한다.

제3절 가격 결정

1. 가격 결정의 의의

가격이란 화폐액으로 표시된 상품과 서비스의 효용 및 가치이며, 소비자에게

는 상품의 가치를 금액으로 표시한 것으로 상품과 화폐의 교환비율을 말한다.

메뉴의 판매가격은 직접적으로 목표를 달성하는 수단이므로 식음료 상품에 대한 제품 계획이나 판매 촉진책의 내용에 부합되는 형태로 이윤 극대화에 공헌할 수 있어야 한다.

2. 가격 정책

메뉴의 가격책정은 비단 가격의 결정이란 기능 외에도 판매기능을 함께 수행하므로 신중하게 결정하여야 한다. 가격 정책의 목표는 크게 다음과 같이 구분할 수 있다.

- 이윤의 극대화
- 목표 수익률의 확보
- 목표시장 점유율의 유지 및 확대

3. 가격 결정에 필요한 자료

- 경쟁 호텔 및 식당의 식음료 판매가격과 제품의 내용이나 특징에 대한 자료
- 재료원가 및 제조원가 절감의 가능성과 그 방안에 관한 자료
- 식재료 표준원가에 대한 자료
- 수익성의 측면에서 전 메뉴 품목을 선호도와 수익성이 높은 메뉴
- 유리 또는 불리한 고객에 대한 파악
- 수요자의 구매성향에 대한 자료
- 제품에 대한 구매자의 반응 및 구매의사 결정에 있어서 가격의 역할 정도의 대한 파악
- 외식산업 내에서 점유하는 경쟁적 지위와 판매조건에 관한 자료

4. 가격 결정 시스템

가장 널리 이용되고 있는 기초적인 가격 결정방법으로 첫째, 원가를 기준으로

하는 방법이 있다.

둘째, 소비자의 인식 및 수요를 기준으로 결정하는 방식이다. 이 방식은 수요와 공급의 크기에 따라서 가격이 좌우된다.

셋째, 경쟁업체의 가격구조에 보조를 맞추어 가격을 결정하는 방식이다. 경쟁기업의 제품과 시장구조를 비교하면서 가격을 도출해 낸다.

넷째, 소비자의 특성에 따라 가격을 결정하는 방식이다.

1) 배수(승수)이용 방식

배수를 이용하여 메뉴가격을 결정하는 방식으로 재료비를 설정된 가격배수(승수)로 곱하면 된다. 비교적 가격을 구하는 방법이 간단하여 많은 식당에서 이용되고 있다.

- 판매가격 = 식료원가 × 수(승수)

이 방식을 많이 이용하지만 단점이 있다. 식료원가를 제외한 나머지 영업활동에 필요한 제경비와 이익은 가격 설정에 포함되지 않아 합리적이지 못하다.

2) 프라임 코스트의 해리 포피(Harry Popy) 방식

원재료비는 표준량 목표에서 얻고, 이 재료비에 직접 인건비를 더하여 프라임 코스트를 얻어내는 방법이다.

- 프라임 코스트 = 배료원가율 + 직접인건비율
- 배수(승수) = 100 ÷ 프라임코스트
- 판매가격 = 프라임코스트 × 배수

이 방법은 카페테리아나 패스트푸드 업장에서 적용하여 효과를 볼 수 있다.

3) 실제원가 이용방식(Actual Pricing Method)

레스토랑을 운영하는 데 필요한 모든 원가를 산출한 뒤 적정 이익률을 산정하

여 메뉴가격에 포함시키는 방법이다.

- 원재료가격＋직접인건비＋(변동비 %＋고정비 %＋이익률 %)×가격＝100%×가격

4) 매출 총이익 이용방식(Gross Profit Method)

고객들이 지불하는 가격 안에 음식 이외의 비용과 매장의 이익이 포함되어 있다는 전제 하에 메뉴가격을 구하는 방식이다. 이 방법은 고객수 예측이 가능하고, 메뉴 종류도 변동 없이 단순할 때 사용하는 방식이기도 하다.

5) 수익성을 위한 가격 결정

원가 차이가 큰 메뉴의 각 품목별 요리에 대한 단일한 가격의 결정은 그만큼 이윤추구에 반하게 되는 경우가 많다. 고객도 부당한 가격을 지급하게 될 가능성이 있다. 그러므로 일정한 식료원가의 식료원가 승수(Food Cost Mutiplier)가 산출되었다 하더라도 제반 여건을 고려함으로서 조정하는 것이 바람직하다.

6) 심리를 이용한 가격 결정방법

고객의 심리를 이용하여 가격을 결정하면 구매의욕을 촉진시킬 수 있다. 가격의 끝자리와 첫 자리가 가격심리에 민감하게 작용하는 것을 가격 결정에 이용한 방법이다. 또 다른 방법은 가격의 숫자를 줄이는 방법이다. 예를 들어 1,000원짜리 제품의 가격을 990원으로 정하면 가격의 숫자가 세 자리로 되어 고객은 저렴하다고 인식할 수 있다.

5. 메뉴 개발

1) 메뉴 개발의 의의와 고려사항

메뉴 개발에 앞서 고려해야 할 사항은 다음과 같다.

① 조리기구와 조리방법 : 메뉴는 필요한 조리기구의 유무를 고려해서 설계한다.

② 조리인원과 기술 : 메뉴 설계자는 인력이 효율적으로 활용될 수 있도록 설계해야 한다.

③ 식자재 구입의 용이성 : 시장조사를 통해서 식자재 구입의 용이성과 가격 변동폭을 알아야 한다.

④ 고객의 욕구 : 인간의 욕구를 만족시켜 줄 수 있는 메뉴가 설계될 때 시장성 있는 메뉴가 탄생된다.

1) 메뉴 개발과정

(1) 아이디어의 창출

아이디어는 자신의 영감, 기발한 착상, 고객의 요청, 시장조사 등에서 생겨날 수 있으므로 논의를 통하여 정리할 필요가 있다.

(2) 메뉴 조리표 작성과 평가

① 맛의 평가 : 평가의 50%

② 표적시장과 적합성(고객의 선호도) : 평가의 10%

③ 주방인력기술과 적합성 : 평가의 10%

④ 주방시설과 적합성(주방기기나 공간의 기능내부) : 평가의 5%

⑤ 분위기와의 적합성 : 평가의 5%

⑥ 조리시간(고객서비스 관점에서) : 평가의 5%

⑦ 식재료 가격의 변동폭 : 평가의 5%

⑧ 영업시간대와의 적합성 : 평가의 5%

⑨ 영양과의 적합성 : 평가의 5%

(3) 사업성 분석

매출, 원가, 이익을 추정한다. 전체비용을 계산하고 예상 매출을 산정해서 예상이익을 추적해야 한다.

(4) 시장실험(Market Test)

메뉴 품목의 성공여부를 조사하는 것이다. 보통 기간을 정하고 다른 장소에서

다른 가격으로 시험판매를 해 봄으로써 고객의 직접적인 반응을 조사한다.

(5) 상업화

시장실험을 통해 나타난 문제점들을 개선하고 메뉴 품목을 만들어야 한다. 그리고 이를 고객에게 인지시키느냐를 마케팅 측면에서 연구하고 시설과 장비도 보완해야 한다.

6. 메뉴 분석

메뉴의 평가와 분석은 메뉴가 계획되고 디자인되는 과정, 실제의 메뉴, 그리고 일정기간의 영업성과를 바탕으로 수익성과 선호도를 평가하고 분석하는 것이다. 그리고 그 결과를 메뉴 계획과 디자인, 실제의 메뉴 계획에 반영시켜야 한다.

1) 메뉴 평가

성공적이 메뉴란?
고객의 요구를 수용하면서 기업의 수익을 최대화할 수 있는 메뉴이다.

① 메뉴 설계에 대한 평가 : 메뉴의 내용과 고객에게 전달하는 이미지, 시각적 효과, 품격 등에 대한 평가
② 메뉴의 다양성 평가 : 메뉴의 다양성과 분위기, 서비스와 적합성에 대한 평가
③ 메뉴의 수익성 평가 : 메뉴의 재료 구성과 원가, 메뉴의 수익성, 메뉴에 대한 고객의 선호도 등의 평가

2) 메뉴 분석방법

가장 일반적인 메뉴 분석방법은 고객에게 인기가 있어서 판매량이 많으면서 또한 수익성도 좋은 메뉴를 찾아내는 것이다.

(1) 공헌이익 순위표

가장 간단한 방법으로, 메뉴 품목의 수익창출 능력을 평가하는 것이다. 메뉴

분석을 위한 일정기간을 정해 놓은 후 그 기간에 판매된 전체 메뉴의 수량을 메뉴 품목별로 집계한다.

(2) 메뉴 엔지니어링

식당경영자가 메뉴를 평가·관리하고, 고객의 수요, 메뉴 믹스, 공헌이익 개념의 함수관계를 활용하여 합리적·단계적으로 체계화시킨 평가 절차이다.

(3) 메뉴 판정

메뉴는 크게 4가지로 판정된다.

① 인기도가 낮고 공헌이익도 작은 그룹(수명 주기상 쇠퇴기에 있거나 혹은 실패한 품목)
② 고객이 인지하는 가치보다 가격이 높게 책정된 품목(대중적인 인기도가 적은 품목들)
③ 인기도가 높은 만큼의 공헌이익이 뒤따라 주지 못하는 메뉴군(수요창출 요소에서 가격의식을 가짐)
④ 인기 있고 가장 수익성이 큰 품목(수명 주기상 성숙기에 들어있는 메뉴군으로 그 식당의 주력상품)

3) ABC 분석

(1) ABC 분석이란?

음식매출고에 대한 메뉴별 공헌도를 파악하고, 중점적으로 관리할 필요가 있는 상품을 찾아내기 위한 계수기법이다.

(2) ABC 분석의 순서

① 상품(메뉴)의 매출고가 높은 순으로 나열한다.
② 음식 매출고를 100으로 하고 상품별 매출 구성비를 산출한다.
③ 매출 구성비를 순차 누계한다.

이상과 같이 누계하여 75%까지의 상품을 A부문, 75~95%까지의 상품을 B부문, 95~100까지의 상품을 C부문이라고 한다.

(3) ABC 분석의 활용

① 잘 팔리는 상품과 판매 공헌도로 파악한다.

② 중점관리상품(A부문)을 파악한다.

③ 메뉴출하 예상을 기본으로 한다.

④ 원가율을 산출한다(교차치).

⑤ 주요상품은 계절과 지역에 따라 차이가 있을 수 있다.

상식코너
오트 퀴진(haute cuisine)이 되기 위해서는 한식 세계화에 어떤 변화가 필요한가?

오트 퀴진(haute cuisine)이란? 프랑스어로 '고급요리(식당)'라는 뜻이다. 오트 퀴진(haute cuisine)이란? 기존 메뉴에 없는 것을 내놓으려고 고심하고, 어느 한 사람만을 위한 오트 퀴진을 만들어야 한다고 한다면 제일 먼저 한 가지의 이미지를 생각해야 한다. 세련되고 정교하면서도 현대적인 느낌, 그것을 전통적인 방식으로 풀어내고자 해야 한다. 앞서가는 스타일과 가장 높은 품질로 음식이 도달할 수 있는 최고의 경지를 뜻한다. 한국에서 요리사들이 한식 오트 퀴진을 어떻게 만들지 고민을 해야 한다면 우선 질문이 어렵다고 말할 것이다.

전통 한식은 매우 복잡하다. 한 상에 수십 가지 반찬을 놓아야 한다. 한 번에 한 접시씩 코스별로 보여주는 서양 오트 퀴진에 비해 너무 어렵다.

그러나 한식의 세계화를 위해서는 반드시 한식이 오트 퀴진이라는 명성을 얻어야 한다. 이탈리아와 일본, 인도, 태국 음식은 이미 이런 변화의 과정을 거쳐 세계인들의 입맛을 사로잡고 있다. 한국 음식도 오트 퀴진이라는 방식과 변화를 받아들여야 할 시점이 됐다. 프랑스에서도 오트 퀴진은 정통 가정식이 아니다. 보여주고 감상하기 위한 작품이다. 일식이 세계적으로 고급이라는 명성을 얻은 것은 이런 변화를 받아들인 결과인 것이다. 한식에 대한 한국 사람들의 애정과 관심이 우선이다. 시내에 나가보면 사람들은 대부분 이탈리아와 프랑스 레스토랑에서 외식을 한다. 젊은 세대, 트렌드 세대들이 원하는 스타일리시한 한식당이 없기 때문이다. 한국인들은 스타일리시한 것을 좋아한다. 그런데 왜 한식당은 그렇질 못할까?

"이미 세계적인 인정을 받고 있는 수많은 한국 요리사들이 다른 나라 음식이 아니라 한식을 위한 도전을 시작해야 할 때다"라고 강조하고 있다. 세계인들이 한국 음식을 지칭하는 새로우면서도 친근한 용어를 만들 것을 제안하기도 했다. 예를 들어, 서양 오트 퀴진을 설명하는 가장 중요한 키워드로 '세련된(sophisticated)'과 '현대의(contemporary)'라는 단어를 반복해서 꼽았다. 단순해 보이되 세련된 현대 음식, 그게 한식이 도전해야 할 오트 퀴진의 세계인 셈이다.

출처 쉐라톤워커힐 가드망저 카페

제13장

식품위생관리

제1절 식품위생관리의 개념

1. 식품위생

식품, 첨가물, 기구, 용기와 포장을 대상으로 하는 음식에 관한 위생이다. 즉 식품의 재배, 생산, 제조부터 인간이 섭취하는 과정까지의 모든 단계에 걸쳐 식품의 안전성, 건강성 및 완전무결성을 확보하기 위한 모든 수단을 말한다(WTO). 다음은 식품위생법상 관련용어 해설이다.

① 식품 : 의약으로 섭취하는 것을 제외한 모든 음식물
② 첨가물 : 식품을 제조 · 가공 또는 보존함에 있어 첨가 · 혼합 · 침윤 기타의 방법으로 사용되는 물질을 말한다.
③ 화학적 합성품 : 원소 또는 화합물의 분해반응 외에 화학반응을 일으켜 얻은 물질을 말한다.
④ 기구 : 식품 또는 첨가물의 직접 접촉되는 기계 · 기구 또는 기타의 물건을 말한다.
⑤ 용기 · 포장 : 식품 또는 첨가물을 넣거나 첨가하는 물품으로서 식품 또는 첨가물을 수수할 때, 함께 인도되는 물품을 말한다.
⑥ 표시 : 식품, 첨가물, 기구 또는 용기, 포장에 기재하는 문자, 숫자 또는 도형
⑦ 영업 : 식품 또는 첨가물을 판매하거나 기구 또는 용기, 포장을 제조, 판매하는 사업
⑧ 식품위생 : 음식에 관한 위생을 말한다.

2. 식품위생관리제도

식품위생관리제도는 식품위생법에서 정하는 영업허가, 품목제조보고, 식품위생관리인 선임, 위해요소 중점관리 기준(HACCP) 등이 있으며, 이러한 식품위생

감시는 과거의 사전관리 개념이나 관 주도형에서 사후관리 개념과 민간 주도형으로 서서히 전환되고 있다.

3. 깨끗함과 위생적인 것의 차이

깨끗함은 눈에 보이는 것이며 가장 일차적인 것이다. 또한 정리정돈과 청결을 유지하는 것이며, 위생의 선행조건이 깨끗함이다. 즉 위생적인 것은 깨끗한 곳에 위생적인 시스템을 만들어 놓는 것이다.

제2절 영업자의 준수사항(식품위생법)

1. 기본적인 준수사항

① 제1장 제3조(식품 등의 취급) : 식품 등을 깨끗하고 위생적으로 다루어야 하고, "식품 등의 위생적 취급에 관한 기준"을 준수하여야 한다.

② 제2장 제4조(위해식품 등의 판매금지) : 썩었거나 상한 것·유해물질·병원성 미생물·불결한 이물로 인체에 위해한 것과 무허가(신고) 제품(수입식품 신고 포함) 등을 취급해서는 안 된다.

③ 제2장 제5조(병든 동물 고기 등의 판매금지) : 법정질병에 걸리거나 질병으로 죽은 동물의 식육 등을 취급해서는 안 된다.

④ 제2장 제6조(기준 및 규격이 고시되지 아니한 화학적 합성품 등의 판매 등 금지) : 지정되지 않은 화학적 합성첨가물과 이를 함유한 물질을 취급하여서는 안 된다.

⑤ 제2장 제7조 및 제9조(기준과 규격) : 기준·규격에 맞지 않는 식품들을 취급하여서는 안 된다.

⑥ 제3장 제8조(유독기구 등의 판매·사용금지) : 인체의 건강을 위해할 우려가 있는 것은 취급하여서는 안 된다.

⑦ 제4장 제10조(표시기준) : 기준에 맞는 표시가 없는 식품들을 취급하여서는 안 된다.

⑧ 제4장 제13조(허위표시등의 금지) : 과대포장을 하지 못하며, 혼동할 우려가 있는 표시를 하거나 광고를 하여서는 안 된다.

⑨ 제6장 제17조(위해식품 등에 대한 긴급대응) : 식품의약품안전청장은 긴급 대응방안을 마련하고 필요한 조치를 하여야 한다.

2. 업종별 영업자의 준수사항

(1) 식품 및 식품첨가물 제조·가공 영업자의 준수사항

- 생산·작업 기록서류, 원료수불 관계서류, 식품조사 관계서류는 3년 보관
- 공병보증금제 준수
- 유통기간 경과제품의 진열·판매 및 제조·가공용 사용금지
- 공고 시 제품명·업소명·유통기한 확인 권장내용 포함
- 장난감의 별도 포장
- 조제분유·조제우유의 의료기관 또는 모자보건시설에 무료·저가공급 금지
- 부패·변질 또는 폐기제품·유통기한 경과제품의 교환의무
- 검사미필 축산물의 사용금지
- 수돗물이 아닌 물은 1년마다 수질검사 의무
- 출입·검사 등 기록부의 2년 보관
- 사후 조치성 행정처분의 이행결과 보고 의무
- 광고사전심의 준수

(2) 식품접객 영업자 등의 준수사항

- 식품접객업자 : 21개항
- 즉석판매제조·가공업자 : 8개항
- 식품소분·판매·운반업자 : 19개항
- 식품자동판매기업자 : 7개항
- 식품조사처리영업자 : 1개항

식품위생 준법 일일 체크리스트

점포명 :
점검일 :　　연　　월　　일 (　　요일)

구분	점검 사항	점검결과			특이사항
		양호	보통	미흡	
개인 위생 관리	· 위생복, 위생모는 청결하게 관리 및 착용한다(주3회 이상 세탁).				
	· 반지, 시계, 팔찌를 착용하지 않는다(개인위생관리 철저, 매니큐어, 두발, 면도 등).				
	· 건강진단을 정기적으로 실시한다. · 손톱을 짧게 깎고, 손톱 청결을 유지한다.				
	· 상처 난 손으로는 절대 조리업무를 하지 않는다.				
	· 원료식품을 다듬다가 조리식품 취급 시 손을 반드시 세척한다(알코올, 소독기 등).				
	· 조리장 출입시 반드시 손소독을 실시한다.				
	· 조리장 전용신발을 착용한다(슬리퍼, 샌들 등 금지).				
	· 개인사물은 별도 사물함에 보관한다(담배, 시계, 반지, 팔찌 등).				
	· 피부병, 심한 감기, 화농성 질환 등 전염성 질병(설사, 발열 등)에 감염되지는 않았는가?				
	· 소모품은 별도 사물함에 위생적으로 보관한다(위생장갑, 위생모, 앞치마, 행주, 냅킨, 장갑, 기타용품 등).				
조리 장비 관리	· 냉장, 냉동고 온도는 적정 온도를 유지한다.				
	· 조리기구는 열탕소독 또는 소독액으로 매일 소독한다.				
	· 칼, 도마는 육류용과 생선용, 채소용으로 구분하여 사용한다.				
	· 칼, 도마 등은 세척소독 후 위생적으로 보관(자외선 살균기)하고 있는가?				
	· 행주는 세척, 살균, 건조하여 사용하며 수시로 교체한다.				
	· 조리장은 업무 종료 후 살균소독제를 이용하여 소독을 실시한다.				

환경 위생 관리	· 주방 내에서 화장행위 및 흡연은 절대 하지 않는다.			
	· 음식물쓰레기, 일반쓰레기는 구분하여 관리한다.			
	· 쓰레기통은 반드시 뚜껑을 덮고 사용한다.			
	· 칼은 자외선 칼집에 위생적으로 보관하며, 자외선 살균 소독기를 항시 사용한다.			
	· 쥐, 파리, 바퀴벌레 구충구서를 실시한다(조리장, 창고 등).			
	· 냉장, 냉동고는 주1회 이상 세척, 소독한다.			
재료 관리	· 당일 조리하고 당일 소진한다.			
	· 원, 부재료 중 유통기한이 경과한 제품이 있는지 매일 확인한다.			
	· 육류, 채소 등 1차식품은 신선한 제품인지 확인한다.			
	· 원, 부재료는 위생적으로 운반, 보관한다.			
	· 원, 부재료는 적정온도에서 보관한다(해동시 "해동중" 표시).			
	· 무허가, 무표시 제품은 사용하지 않는다.			
	· 육류와 생선, 채소는 반드시 구분하여 보관한다.			
	· 육류는 해동 사용 후 재냉동을 절대 하지 않는다.			
	· 채소, 과일은 흐르는 물에 충분히 세척 후 사용한다.			
	· 조리된 음식과 조리 전 음식이 서로 교차 오염되지 않 도록 한다.			
	· 가공, 조리된 재료 보관시 반드시 뚜껑을 덮어 보관한다.			
	· 원, 부재료는 선입 선출에 의해서 관리한다.			
냉장 냉동 관리	· 냉장, 냉동고 정리 정돈은 잘되고 있는가?(냉동고 성에 제거 등)			
	· 냉장, 냉동고는 적정온도를 유지하는가?			
	· 냉장, 냉동고 원부재료를 보관시 뚜껑은 잘 덮여 있는가?			
	· 상하거나 부패 또는 선도저하 제품을 가지고 조리하지 는 않는가?			
	· 냉장, 냉동 상품을 상온에서 판매되고 있지는 않는가?			

제3절 위해요소 중점관리 기준(HACCP)

1) HACCP제도의 개요

HACCP 시스템은 원료생산, 계획, 운반, 제조·가공, 보관, 유통·판매 및 최종 소비에 이르기까지 발생할 수 있는 생물학적, 화학적, 물리적 위해요인을 각 단계에서 과학적으로 분석하는 것이다.

(1) 식품위해요소 중점관리 기준(HACCP)

• 위해물질이 해당식품에 혼입되거나 오염되는 것을 사전에 방지하기 위하여 각 과정을 중점적으로 관리하는 기준

(2) 위해요소(Hazard)

• 허용될 수 없는 생물학적·화학적·물리적 특성
• 인체의 건강을 해할 우려가 있는 생물학적·화학적 또는 물리적 인자

(3) 위해분석(Hazard Analysis)

• 미생물 위해의 원인을 분석하고, 그 위해의 중요도(Severity)와 위험도(Risk)를 평가하는 것

(4) 중요관리점(Critical Control Point : CCP)

• 건강장해를 일으킬 우려가 있는 장소 및 방법
• HACCP를 적용하여 식품의 위해 장비를 제거하거나 안전성을 확보할 수 있는 단계 또는 공정
• CCP 결정도를 사용하여 논리적으로 중요관리점을 설정한다.

(5) 중요관리점의 한계기준(Critical Limit)

• 위해의 예방에 효과적인 역할을 하고 있다는 것을 보증하기 위하여 정해진

하나 이상의 미리 설정된 허용한계

• 위해요소 관리가 이루어지고 있는지 여부를 판단하는 기준

(6) 감시(Montitoring)

• 정확한 기록을 얻도록 계획된 일련의 검사, 측정 및 관찰을 행하는 것

• 위해요소의 관리여부를 점검하기 위하여 실시하는 관찰이나 측정 수단

(7) 개선조치(Corrective Action)

• 모니터링 결과가 중요관리점의 한계기준으로 관리되지 못할 경우에 취하는
  조치

(8) 검증(Verification)

• HACCP 방법에 따른 관리(감시)가 계획대로 실시되고 있는지의 여부를 확
  인, 증명

• HACCP 계획이 적절한지 여부를 정기적으로 평가하는 조치

2) 식품위해요소 중점관리(HACCP)의 시설기준

(1) 작업장 시설

작업장의 시설은 다음 각 호에 적합하여야 하며, 작업장 관리 기준서를 작
성·비치하여야 한다.

① 건물은 축산 폐수, 화학물질 기타 오염물질을 발생시설로부터 식품에 나쁜
  영향을 주지 않도록 거리를 유지하여야 한다.

② 작업장의 주거 및 불결한 장소와 분리되어야 하며, 위생적인 상태로 유지
  되어야 한다.

③ 각 작업실별로 구획되어 오염구역과 비오염구역으로 구분되어야 하며, 적
  절한 온도를 유지하여야 한다.

④ 바닥은 콘크리트 등으로 내수 처리하여야 하며, 파여 있거나 물이 고이지

말아야 한다.

⑤ 배수로는 적절하게 설치되어 폐수가 역류하거나 퇴적물이 쌓여 있지 말아야 한다.

⑥ 내벽은 내수 처리하여야 하며, 미생물이 번식하지 아니하도록 청결하게 관리하여야 한다.

⑦ 천장은 청소가 쉬운 시설로 되어 있고, 먼지가 쌓여 있거나 응결수가 떨어지지 않아야 하며, 미생물이 번식하지 않도록 청결하게 관리하여야 한다.

⑧ 문은 단단한 내수성 재질(스테인리스, 알루미늄 등 물을 흡수하지 않는 것을 말함)로서 청소가 쉬운 구조로 되어 있어야 한다.

⑨ 채광 또는 조명은 적절하게 설치되어야 한다.

⑩ 환기시설은 악취, 유해가스, 매연, 증기들을 환기시키는 데 충분하도록 설치되어야 한다.

⑪ 작업장에는 방진, 방충망 및 쥐 막이 시설을 갖추고 있어야 한다.

⑫ 작업원을 위한 위생적인 화장실, 탈의실 및 수세시설이 있어야 한다.

⑬ 작업장의 제조시설은 해당 식품에 대한 제조공정의 흐름에 따라 적절히 배치되어야 한다.

⑭ 분말이 날아 흩어지는 작업실은 이를 제거하는 시설이 있어야 한다.

⑮ 배관은 청결하게 관리되어야 하며, 연결부위는 인체에 무해한 것을 사용하여야 한다.

⑯ 출입구 및 창은 완전히 꼭 닫힐 수 있어야 하며, 공중낙하세균 등을 정기적으로 측정·관리하여야 한다.

⑰ 작업실 내의 통로는 작업원 외에는 사용할 수 없도록 되어 있어야 한다.

⑱ 먹는 물의 수질기준에 적합한 물을 공급할 수 있는 시설을 갖추어야 한다.

⑲ 지하수를 사용하는 경우 오염될 우려가 없는 장소에 위치하여야 하고, 용수 저장탱크는 외부로부터 오염되지 않도록 설치되어야 한다.

⑳ 용수저장탱크는 반기별 1회 이상 청소를 실시하며, 오염물질의 유입을 방지하기 위하여 잠금장치를 설치하여 청결상태를 유지하여야 한다.

수질검사는 연 1회 이상, 미생물학적 검사는 월 1회 이상 실시하여야 하며, 그

결과를 기록·유지하여야 한다.

(2) 제조시설

① 해당 식품의 제조에 필요한 시설 및 기구를 갖추어야 한다.
② 각 품목의 제조공정 흐름에 따라 적절히 배치되어야 한다.
③ 각 품목의 제조 외에 다른 목적에 사용되지 아니하여야 한다.
④ 청소하기 쉽고 다른 제조공정으로부터 오염되지 않도록 배치되어 있어야 한다.
⑤ 정기적으로 점검하여 작업에 지장이 없도록 관리되어야 한다.
⑥ 포장자재는 규정에 적합한 규격품을 사용하여야 하며, 포장은 오염을 방지할 수 있는 위생적인 조건 하에서 실시하여야 한다.

(3) 냉장·냉동설비

① 원료 및 제품을 효과적으로 수용할 수 있고 오염시킬 우려가 없어야 한다.
② 온도계의 설치는 적당한 곳(가장 온도가 높은 곳)에 설치되어야 한다.
③ 수동 및 자동 온도조절 장치에는 중대한 온도 변화를 알릴 수 있는 자동경보장치가 부착되어야 한다.
④ 냉장·냉동설비 등에 대하여는 정기적으로 청소를 실시하고, 그 결과를 기록·유지하여야 한다.

(4) 위생관리

① 위생관리에 필요한 시설, 기구 등을 갖추어야 한다.
② 기구 및 용기는 용도별로 구분, 표시하여 청결하게 관리하여야 한다.
③ 종업원은 해당 작업에 필요한 위생복, 위생모, 위생마스크 및 위생장갑을 착용해야 한다.
④ 껌을 씹거나 음식물을 먹거나 담배를 피우거나, 침을 뱉어서는 안 된다.
⑤ 신체질환 등으로 식품에 위해를 끼칠 우려가 있는 작업원은 제조, 가공 등에 종사하여서는 안 된다.
⑥ 종업원은 고용 전 신체검사 및 정기적인 신체검사를 받아야 한다.

⑦ 화장실의 출입구에서는 손을 사용하지 않고 이용할 수 있는 세척시설, 손을 말릴 수 있는 소독시설을 갖추어야 한다.

⑧ 화장실과 탈의실은 환기시설을 갖추어야 하며, 벽과 바닥은 내수성 재질로 되어 있고, 청결한 상태가 유지되어야 한다.

⑨ 작업장과 떨어진 곳에 폐기물, 폐수 처리시설을 설치해야 하며 관리를 유지해야 한다.

⑩ 폐기물 용기는 자주 소독 및 세척하여야 한다.

⑪ 작업장 내에서 쥐와 곤충을 구제하여 식품들을 오염시킬 우려가 없도록 하여야 한다.

⑫ 살충제 등과 같은 유독성 물질과 인화성물질 등은 격리된 장소에서 안전하게 관리, 보관되어야 한다.

⑬ 위생관리 기준서를 작성, 비치하여야 한다.

(5) 보관 및 운반관리

① 원료, 자재, 반제품 및 완제품은 명확히 구분하여 관리, 적절한 온도를 유지

② 부적합한 원료, 자재 및 완제품은 별도 구분하여 보관하여야 하며, 처리기록을 보관

③ 원료, 자재, 반제품 및 완제품은 바닥과 벽에 밀착되지 않도록 설계, 보관

④ 원료 계량실은 구획되어야 하며, 필요시 먼지제거 시설을 갖추어야 한다.

⑤ 원료, 자재 및 완제품은 선입 선출법으로 반출하고, 반품된 제품은 구분하여 보관, 처리

⑥ 보관관리 기준서를 작성, 비치하여야 한다.

(6) 검사시설

① 제품 검사에 필요한 시설 및 기구를 갖추어야 한다.

② 시설 및 기구를 정기적으로 점검하고 관리하며, 점검사항 및 검사 성적서를 기록, 유지

③ 원료, 자재, 반제품 및 완제품에 대하여 정기검사를 실시

④ 검체를 채취할 때는 오염되거나 변질되지 않도록 하여야 한다.

⑤ 구체적으로 기재된 검사 기준서를 작성 비치하여야 한다.
- 제조번호 및 제조년월일
- 검사번호
- 검사접수 및 검사년월일
- 검사항목, 검사기준 및 검사항목
- 판정결과 및 판정년월일
- 검사자 및 판정자의 서명날인
- 검체의 재치, 취급 및 검사방법
- 검사결과의 통지방법
- 기타 필요한 사항

제4절 식품위생

1) 식품오염

① 오염원 : 원료, 식품, 포장재, 공기, 물, 흙, 식품접촉, 사람, 동물, 곤충 등
② 식품오염원의 분류
- 생물학적 위해균 : 세균, 곰팡이, 기생충 등의 오염
- 화학적 위해균 : 자연 독, 위해첨가물, 중금속, 방부제, 세척제 등
- 물리적 위해균 : 이물질 등

2) 식중독

(1) 세균성 식중독

첫째, 식품취급자는 식품, 기구, 용기, 포장, 시설 등을 청결히 관리해서 깨끗한 환경을 만들어야 한다.

둘째, 신속한 조리시간과 조리 후 신속히 판매하여 시간의 경과로 인하여 세균이 번식하는 환경을 없애야 한다.

셋째, 식품보관 시 신속히 처리 후 냉장보관하여서 세균이 번식할 수 있는 적온을 주지 않는다.

넷째, 가열하여 세균을 사멸시키거나 독소를 불활성화시킨다.

세균성 식중독은 세균에 의한 감염형과 세균번식에 의한 독소에 의한 독소 형으로 구분한다. 감염형 식중독은 살모넬라와 비브리오가 대표적이며, 오염된 식품이나 배설물 등으로 감염된다. 살모넬라는 조류의 장내에 많으며, 비브리오는 해산물에 많이 있다.

① 감염형 식중독의 예방책
- 식품의 안전보관, 저온보존, 가열처리
- 조리장에 쥐, 바퀴벌레, 파리 등을 구제
- 어패류 등 생식과 보관, 2차 감염에 주의

② 독소형 식중독의 예방책
- 오염의 가능성이 있는 식품은 즉시 폐기
- 조리장은 주기적으로 살균하며, 화농이 있는 자는 조리금지
- 저온저장, 취사장 청결, 위생적 보관, 위생적 가공, 음식물 가열처리

(2) 화학물질 의한 식중독

화학적 식중독을 일으키는 원인 물질들은 인체에도 위해가 되지만 환경을 오염시키는 원인 물질이므로 각별히 유의하여야 한다. 예를 들면 캔(can)류 는 개봉 후에 다른 그릇에 옮겨서 보관해야 캔에서 주석산이 용출되는 것을 막을 수가 있으며, 알루미늄 냄비를 사용할 때에는 쇠로 된 주걱을 사용하지 말고, 황동 제품에서는 납 검출을 유의해야 한다.

(3) 자연독에 의한 식중독

① 패독 : 굴, 피조개, 바지락, 홍합은 2~6월 사이 수온이 6~18℃일 때 몸속에서 독소가 생성된다.
② 복어의 독 : 복어는 먹이활동에 의해서 몸속에 독소를 생성한다.

③ 독버섯, 감자의 파란 싹 부분, 맥각균, 청매, 독맥, 독미나리, 오두, 오색두, 은행, 피마자, 도라지, 시금치 등은 독소를 지닌 식품이며, 식용으로 사용할 때는 주의를 요한다.

④ 황변미 중독은 곰팡이가 독소이다. 맥각 중독과 마이코톡신 중독이 있다.

(4) 식품위생의 중요사항

물리적 장비와 설비는 좋은 위생 실행에 도움이 되어야 한다. 음식은 부패와 오염을 막을 수 있도록 다루고 냉장저장해야 한다. 접시, 식기, 장비는 깨끗이 세척해야 하며 실질적으로 소독이 행해져야 한다. 또한 보관용기는 항상 뚜껑을 덮어두어야 한다.

(5) 병원성 대장균

질병을 일으키는 대장균의 하나로 인체에 감염되었을 때에는 복통, 설사, 합병증으로도 사망할 수 있다. 주원인은 오염된 식품, 우물물, 2차 오염 등으로 다양하다.

① 특 성
- 열에 약하다.
- 저온에 강하다.
- 산에 강하다
- 소독수, 알코올, 락스 등에 약하다.

② 감염경로 : 동물의 분변에 오염된 고기, 동물의 장에 존재하므로 동물의 분변에 오염된 식수나 식품 섭취로 감염된다.

③ 예방조치 : 고기는 75℃ 이상의 온도에서 5분 이상 충분히 익혀서 먹고, 과일과 야채는 깨끗한 물에(소독수 처리) 충분히 씻어서 먹는다. 개인위생을 철저히 하고, 반드시 끓인 음식물을 섭취하고 날 음식은 삼간다. 음식은 오래 보관하지 않으며, 음료수의 위생관리에 힘쓴다.

④ 0-157식중독 예방요령 : 육류와 내장은 각각 분리된 용기에 담아 운반한다. 식품저장 시에는 냉장은 10℃ 이하, 냉동은 −18℃ 이하로 유지하고, 교차오염 방지를 위해 육류와 야채는 반드시 구분하여 전용용기에 보관·사용한다.

(6) 노로바이러스

노로바이러스는 사람에게 장염을 일으키는 바이러스로 감염을 막기 위해서는 손을 청결하게 유지하는 한편, 과일과 채소는 철저히 씻고 굴은 익혀 먹는 것이 좋다. 노로바이러스는 특정한 혈액형의 항원과 결합하는 성질이 있다. 일반적으로 혈액형 O형이 노로바이러스에 감염되기 쉽고, B형은 노로바이러스 감염증에 잘 걸리지 않는다.

제5절 개인위생

호텔에서 손의 청결을 검사하는 장면

개인위생은 생활방식이며 사람들이 준수하여야만 하는 기준이다. 항상 건강한 몸과 청결한 상태를 유지하여야 하며, 각종 병원균으로 인한 전염을 근본적으로 차단하여야 한다. 특히 2차 감염의 예방에 주력하여 위생상에 전혀 이상이 없는 음식을 생산하여야 한다.

1) 손의 청결

손은 세균이 번식할 수 있는 좋은 조건을 가지고 있으며, 또한 오염될 수 있는 확률이 가장 높은 인체 부위이다. 위험성이 신체 중 가장 많은 곳이므로 개인위생의 시작은 손의 청결에서부터이다.

(1) 이상적인 수세시설

이상적인 수세시설은 손을 씻은 후 수도꼭지를 만지지 않고 물을 정지시키며, 타월을 쓰지 않고 물기를 제거하고, 손을 대지 않고 출입문을 통과하여 작업장에

출입할 수 있는 시설이다.

(2) 손의 위생과 수세방법

작업 중 오염될 수 있는 물체를 만지지 않는다. 손톱을 짧게 자르고 반지나 시계 등을 착용하지 않으며, 비누 등을 사용하여 팔부터 씻어내린 후 손끝은 수세용 솔로 닦는다. 이때 흐르는 물에 손을 헹구어 2차 감염을 방지한다.

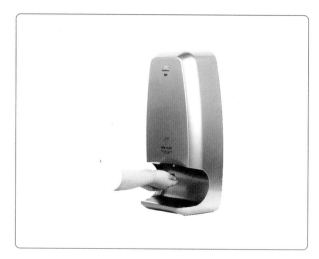

손 세정장비

(3) 손을 씻어야 할 시기

출근하여 위생복을 입고 작업하기 전과 용변 후, 폐기물, 걸레, 청소도구 등의 더러운 물건을 만진 후, 그리고 조리된 음식을 담는 작업을 할 때에는 항상 손을 씻어야 한다. 그리고 얼굴이나 머리카락을 만졌을 경우와 작업이 끝났을 때나 외출 전·후, 그리고 작업 중에는 매 30분마다 손을 씻어야 한다.

(4) 건강진단

- 건강검진으로 연 1회 보건증을 만들어야 한다.
- 영업에 종사하지 못하는 질병 : 제1종 전염병 중 소화기계 전염병, 결핵, 피부병, 화농성 질환, B형 간염(비활동성 간염 제외), 에이즈

(5) 실천사항

- 1년에 한 번씩 보건증을 발급받는다.
- 손과 손톱을 깨끗하게 한다.
- 음주나 흡연을 음식 주변에서 하지 않는다.
- 일할 때의 상태로 화장실에 가지 않는다.
- 용변 후에는 손을 소독한다.
- 음식을 맛볼 때는 작은 그릇에 담아서 맛을 봐야 한다.
- 과도한 화장품 사용을 자제하여야 한다.
- 손톱은 짧게 깎으며, 씻을 때는 솔을 이용해서 씻으면 좋다.

2) 복 장

주방에 들어올 때는 위생복·위생모·안전화를 착용하여 조리 시 먼지·이물·세균 등이 음식물을 오염시키지 않도록 해야 한다. 또한 위생복 상태로 조리실 밖으로 나가지 않아야 한다.

상식코너
타이어 회사가 명품 맛집을 소개한다고?

미슐랭 가이드(Michelin Guide)는 프랑스 타이어 회사 미쉐린이 출판하는 세계 최고 권위를 인정받는 레스토랑 평가 잡지이다. 프랑스어 발음인 "기드 미슐랭"으로도 알려져 있다. "레드 가이드"라고도 부른다(미슐랭 가이드 : 1900년도 Red Guide 출판).

2010년 도쿄판 미슐랭가이드

세계 최초로 공기주입식 타이어를 발명한 앙드레 미슐랭이 자동차 운전자를 늘리기 위해 펴낸 책이다.

이 책을 발간한 앙드레 미슐랭은 "이 책은 20세기의 시작과 함께 태어났으며 20세기가 지속되는 한 남아 있을 것입니다"라는 예언적 발언과 함께 35,000부가 출간되었습니다. 파리 만국박람회가 열린 1900년 파리에 유럽 관광객이 대거 몰릴 것을 예상하고 창간호를 냈다.

처음엔 주로 타이어 교체 요령 등 자동차 관리법과 주유소, 정비소 위치안내 등이 실렸으며, 1926년부터 운전자를 위한 맛집 소개 차원에서 음식점 등급을 별(STAR)로 평가하는 방법을 도입했다. 24유로(약 4만3천원)로 비싼 편이지만 매년 50~60만부가 팔린다.

★ 별 하나 요리가 특별히 훌륭한 집
★★ 별 두개 요리를 맛보기 위해 멀리 찾아 갈만한 집
★★★ 별 세개 요리를 맛보기 위해 여행을 떠나도 아깝지 않은 집

미슐랭 가이드 프랑스편 2008은 3,569개의 음식점과 4,534개의 호텔을 소개하고 있지만 이 중 별을 받은 음식점은 529개에 불과하다.

최고 영예인 쓰리 스타(★★★)는 26곳만이 받았다. 쓰리 스타는 전 세계적으로 50개 정도에 그친다.

출처 GUIDE MICHELIN 미슐랭 가이드

제14장

조리의 기초조리법과 기술

제1절 가열에 의한 기초 조리방법

1. 매개체에 따른 조리방법

1) 습열 조리방법

액체를 이용하여 열을 전달하는 것으로 끓는 물에 식재료를 삶는 것으로 스팀 조리의 경우 물이나 액체를 추가로 첨가하지 않더라도 조리과정 중에 식자재 자체에서 수분이 스며나와 조리 매개체가 된다.

(1) 데치기(Blanching)

데치기는 찬물에서 또는 끓는 물과 기름을 이용하여 잎채소, 과일, 육류 등을 본 조리에 사용하기에 앞서서 1차 조리하는 준비 조리법이다. 데치기의 조리방법은 식재료의 특성에 따라 달리해야 한다.

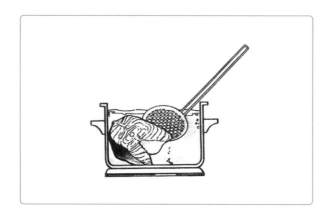

(2) 은근히 삶기(Poaching)

포칭 조리법은 액체의 온도를 삶는 재료인 생선과 달걀에 전달하는 형태로 조리하는 방법이다.

(3) 삶기(Boiling)

삶기는 습열 조리의 가장 대표적인 조리법으로서 조리 방법 또한 매우 다양하게 사용되고 있다. 삶아야 할 재료에 따라서는 차가운 물에 넣는 방법과 끓는 물에 넣어 삶는 방법이 있다.

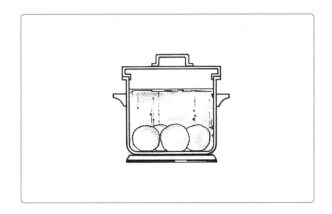

(4) 끓이기(Simmering)

끓이기는 물이 끓기 직전인 온도에서 식재료의 영양분을 축출해 내기 위해 사용하는 조리법이다. 끓이기 조리법의 가장 큰 특징은 조리과정에서 재료의 성분들을 충분히 추출하여 맑게 만드는 것이다.

(5) 증기찌기(Steaming)

습열 조리방법 중에서 영양소 손실이 가장 적은 조리법으로 증기찌기를 들 수 있다. 물의 끓는점에서 발생하는 수증기를 이용하여 음식을 익히는 방법으로서 물론 삶는 것보다 풍미나 모양 유지가 우수하다.

① 기압방식
- 찜통에서 직접 가열
- 간접적으로 증기를 가하거나 뚜껑을 덮은 팬을 이용

② 고압방식

• 고압증기를 방출하여 초고속으로 조리되도록 만든 찜통 사용

• 채소나 가공육의 조리에 사용

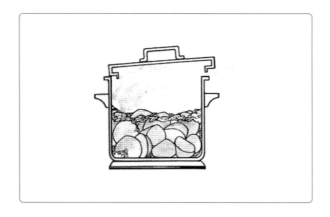

③ 컴비네이션 및 증기오븐조리

• 습식가열법·건식가열법 또는 두 가지를 혼용한 대용량 증기 오븐을 이용

④ 증기진공조리법

• 밀폐된 진공 플라스틱에 식품을 넣어 70~100℃의 증기와 컨벡션 혼용 오븐으로 식품을 조리

⑤ 중·저온방식

• 최신 조리기구를 이용해 70~100℃ 사이에서 서서히 또는 재빨리 식육을 쪄낼 수 있다.

• 이용 : 저장, 찜, 진공조리, 해동 및 재가열

2) 건열 조리방법

열의 전달을 위해 오일, 지방(fat), 뜨거운 가스 또는 공기의 복사 에너지 등을 이용한다. 조리과정에서 수분을 사용하지 않으며, 설사 식자재 자체에서 수분이 스며나온다 하더라도 곧바로 증발되도록 한다.

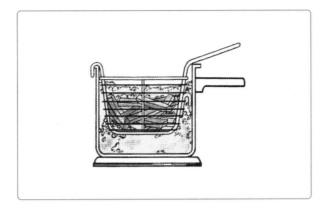

(1) 튀기기(Frying)

튀김은 기름을 가열한 후 식재료를 넣어서 조리하는 방법으로 조리 속도가 매우 빠르다. 튀김을 할 때에는 튀김기의 기름의 양, 용기의 모양 등이 중요하다.

(2) 볶기(Pan frying)

볶기의 조리법은 불에서 얻은 열을 팬과 기름을 통하여 볶으려고 하는 식재료에 전달하여 조리하는 방법이다. 그러므로 볶기에 알맞은 팬의 바닥은 두꺼운 것을 선택하여 열의 변화가 크지 않게 한다.

볶기 조리는 재료에 따라 다르지만, 약간 많은 기름을 사용하는 조리이다.

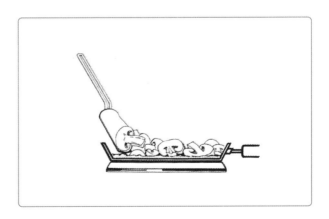

(3) 순간 볶음(Sauteing)

순간 볶음은 볶음의 한 형태로서 볶음보다 높은 온도로 적은 양의 기름을 사용하여 빠른 시간에 조리하는 형태를 말한다.

3) 공기를 매개체로 한 직접열 조리방법

(1) 석쇠굽기(Grilling)

그릴을 이용한 조리방법인 석쇠굽기는 열원이 밑에서 발산되고 공기를 통한 대류와 복사로 열이 전달되는 원리의 조리법이다.

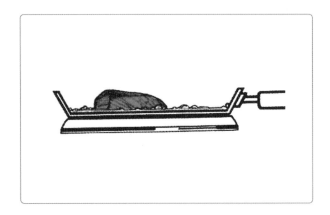

(2) 생선굽기(Broiling)

생선굽기는 열원이 위에서 만들어지는 브로일러와 살러맨더를 사용한 조리법으로 열원이 공기를 통해 식재료에 직접 전달해 조리하는 형태는 석쇠굽기와 같다.

(3) 그라탱(Gratinating)

그라탱 조리법은 더운 요리의 조리 마지막 단계에서 치즈, 크림 소스, 버터, 빵가루 등을 표면에 덮어서 조리 기기인 살러맨더, 브로일러, 오븐 등을 사용하여 표면에 갈색을 내는 조리 형태를 말한다.

(4) 바비큐(Barbecuing)

바비큐는 인류가 최초로 불을 사용해 식재료를 익혀 먹기 위해 행했던 형태의 조리법이다.

4) 공기를 매개체로 한 간접열 조리방법

(1) 오븐굽기(Roasting)

오븐굽기의 조리 원리는 밀폐된 공간인 오븐 속의 공기를 높은 온도로 만들어 공기의 대류에 의해 조리가 이루어지는 형태이다. 이와 같은 조리 원리를 이용한 가스 오븐, 대류식 오븐, 콤비 오븐 등과 팬에 뚜껑을 덮어서 조리하는 방법이 있다.

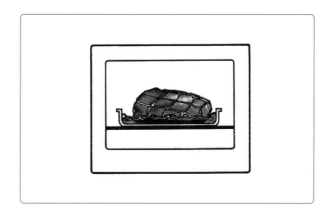

(2) 빵굽기(Baking)

베이킹은 오븐 공기의 대류 현상을 이용한 조리방법으로, 조리속도는 비교적 느리지만 음식물의 표면에 접촉되는 건조한 열을 바싹 마르게 구워주어 맛을 높여 주기 때문에 빵과 과자 굽기에 적합한 조리방법이다.

(3) 훈제하기(Smoking)

훈제는 단백질 식품인 육류와 생선 등을 불과 열을 강하게 가하지 않는 상태에서, 저장성과 맛을 높이기 위하여 나무를 태울 때 발생하는 연기를 쐬게 하는 데서 유래한 조리법이다.

5) 복합 조리방법

건열 테크닉과 습열 테크닉 모두를 사용한다. 일반적으로 두 단계에 걸쳐 조리하게 되는데, 조리시작 시 하나의 방법을 사용하고, 나머지 방법으로 조리과정을 끝내는 것이다.

(1) 익히기(Stewing)

스튜잉은 스토브에서 두꺼운 팬을 사용하여 소테한 후 냄비에 육수를 잠길 정도로 담아 스토브 또는 오븐 안에서 재료가 충분히 익을 때까지 시머링(Simmering)으로 조리하는 것을 말한다.

(2) 졸이기(Braising)

브레이징은 비교적 큰 고깃덩어리를 약간의 수분과 함께 오븐에서 익히는 조리방법이다.

(3) 윤기내기(Glazing)

글레이징은 뿌리채소인 당근, 무, 양파 등을 습열 조리로 익힌 후 윤기를 내는 조리법이다.

브레이징과 스튜잉의 기본적인 차이점

브레이징(braising)	스튜잉(stewing)
큰 덩어리의 질긴 고기에 사용	질긴 고기를 작은 조각으로 썰어 사용
액체를 식재료의 2/3만 덮음	액체를 식재료가 완전히 덮히도록 함
조리용 액체 : 와인, 육수 또는 소스	조리용 액체 : 식재료에서 나오는 자연주스와 함께 와인, 육수 또는 소스 사용
오븐 안에서 간접열을 이용하여 조리	스토브 위에서 직접 열을 이용하여 조리
고기와 같은 브레이징한 음식은 얇게 썰어 제공	스튜잉 음식은 썰지 않고 제공
조리액체는 간을 하고, 농도를 맞추고, 채에 걸러 정제하여 소스로 사용	조리액체는 간을 하고, 스튜잉 음식과 같이 제공

 제2절 채소 썰기 기술

1. 기본 썰기

1) 자르는 방법이 틀린 것

칼날은 항상 수직이어야 하고, 만약 사용자가 내려다보았을 때 칼날의 옆면이 보이면 재료를 똑바로 썰 수가 없다.

2) 바르게 자르는 방법

(1) 왼 손

• 도마 위의 재료를 안정되게 잡기 위하여 엄지와 검지를 한 쪽으로, 그리고 새끼손가락과 약손가락은 다른 편으로 두고 마치 '집게발'처럼 사용한다.
• 재료 위에 접혀서 얹힌 가운데 손가락은 칼날에 대한 '안전 멈추개'로 이용되며, 항상 똑바로 세워서 썰기의 두께를 조정하는 역할이다.

(2) 오른손

- 야채 칼을 손에 잘 잡아준다(또는 썰기 칼).
- 왼손의 가운데 손가락에 기대어 날을 수직으로 세운다.
- 기대서 썰기 위해 누른다.
- 처음에 잘 쥐는 방법을 익힌다.
- 썰 재료는 왼손에, 칼은 재료를 잘 자르기 위해 쓰인다.
- 당신 앞에다가 잘 썰어진 재료를 본보기로 갖다 두어야 한다.
- 당신의 목표인 '썰기의 균일성'을 위하여 이러한 동작을 반복한다.
- 주의 : 썰기의 신속성은 많은 경험에 의해 얻어지는 것이다.

3) 채소의 모양내기

(1) 마세도인(Macedoine)

- 다듬고 씻은 야채의 둥근 부분들을 가지런히 한다.
- 3~4mm 넓이의 막대기 모양으로 썬다.
- 이 막대모양의 채들을 입방형(주사위모양)의 3~4mm 넓이로 썬다.
- 익히고 난 다음에는 주사위 모양으로 썰어진 파란 콩과 작은 완두콩 등과 섞어서 'Macedoire'를 만든다(이것은 'nusee'란 이름을 갖는다).
- 입방체는 균일해야 한다.

(2) 미르뽀와(Mirepoix)

- 당근과 큰 양파들을 1cm의 커다란 입방체로 썬다(이것을 위해서는 먼저 야채들을 1cm 두께로 잘라야 한다. 이 막대기 모양의 1cm 넓이의 야채들은 입방체로 다시 썰게 된다).
- Mirepoix는 깎이지 않은 양파와 당근을 섞어서도 할 수 있다. 그러나 항상 깨끗이 씻은 후 이어야 한다.
- 양파의 조직은 입방체로 썰은 것을 망치게 할 우려가 있고, 그것은 상대적 중요성을 갖는다. Mirepoix는 익힘을 위한 장식품으로 사용되는 것이며, 그래서 요리가 완성되었을 때에는 항상 제거된다.

• Mirepoix는 부케가르니(bouguet garni)와 돼지껍질·햄·부스러기·뼈 등과 다진 마늘(선택적) 등으로 완성한다.

(3) 페이잔(Paysanne)

• 다듬고 씻은 채소는 8~10mm의 두께로 썬다.
• 이 썰은 조각들을 8~10mm의 막대모양으로 썬다.
• 막대모양의 썰은 것들은 1~2mm의 굵기와 가는 조각으로 썬다.
• Paysanne식으로 잘린 야채들은 양배추와 감자를 제외하고는 섞어도 좋다,
• Paysanne식으로 잘린 야채들은 주로 야채수프에 쓰인다.
• Paysanne식은 깨끗한 젖은 천으로 덮어서 몇 시간동안 보존시킬 수 있다.
• Paysanne식으로 썰은 파란 양배추는 따로 보존된다(다른 야채들을 먼저 넣어서 익히면서 나중에 따로 넣는다).
• Paysanne 식으로 잘린 감자는 차고 깨끗한 물이 담긴 그릇에 따로 보존된다.

(4) 다진 파슬리

• 푸른 잎들을 뗄 것(노랗게 된 잎과 갈색 잎 및 마른 잎 등은 없앨 것)
• 찬물에 파슬리를 씻을 것(샐러드 씻는 방법에 따라서 할 것)
• 손으로 가볍게 눌러 파슬리를 말릴 것
• 이제 파슬리를 촘촘히 도마 위에 놓고서 그것을 다듬을 것
• 야채용 칼로 파슬리를 가늘게 썰어 끝마칠 것
• 깨끗한 행주 안에 넣고 물기를 말릴 것
• 움푹 들어 간 유리그릇 안에 쏟을 것
• 잘게 썬 파슬리는 다음의 재료로 사용될 때 유용
  – 장식
  – 비타민 음식
• 잘게 썬 파슬리는 몇 가지 요리의 구성요소로 들어간다.
• 아주 잘게 썬 그리고 적당하게 마른 파슬리는 만져보면 부드럽다.

4) 채소 썰기방법

(1) 저미기(Slicing)

저미기는 썰기 할 식재료의 형태에 따라 비교적 넓고 얇게 써는 방법을 말한다.

① 잎채소 가늘게 썰기(Chiffonade) : 잎채소인 양배추, 상추 허브 잎 등을 가늘게 자르거나 채썰기 하는 방법
② 원형 모양 썰기(Rondelle and Rounds cut) : 원형 모양 썰기는 원재료가 원형인 오이, 당근, 무, 감자 등의 단면을 얇게 원형 또는 반원형 모양으로 써는 방법
③ 타원형 모양 썰기(Diagonals) : 타원형 모양 썰기는 일반적으로 어슷썰기라고 한다. 어슷썰기를 할 때에는 칼날의 끝 부분을 이용하여 잡아당기는 형태로 써는 방법이다.
④ 평면저며썰기(Horizontal slicing) : 평면 슬라이스라고도 한다. 평면 슬라이스는 재료의 형태에 따라 옆으로 써는 방법
⑤ 돌려깎기(Oblique and Roll cut) : 돌려깎기는 원형의 채소 중에서 껍질 부분을 이용하는 오이, 호박과 무의 길이가 긴 채를 만들 때 사용하는 방법
⑥ 다이아몬드 썰기(Lonzengers) : 음식의 모양을 내기 위하여 단단한 채소와 고명을 썰기 위해 많이 사용한다.

(2) 자르기(Cutting)

자르기는 음식에 따라 들어갈 식재료의 크기 및 모양을 알맞게 자르는 방법으로 막대 모양 자르기, 주사위 모양 자르기 등이 있다.

(3) 다지기(Chopping)

다지기는 주로 양념에 쓰일 조미 채소를 작은 입자로 만든 과정과 고명으로 사용할 파슬리를 다질 때 쓰는 방법이다.

제3절 농도 내기 기술

1. 농도 조절제의 종류

1) 루(Roux)

루는 서양요리의 소스류와 크림 수프류에서 가장 많이 사용하는 농도 조절제이다.

(1) 페일 루(pale roux)

페일 루는 버터를 녹여 밀가루를 섞은 후에 살짝 볶아서 색상이 거의 나지 않고, 밀가루와 버터를 섞어 놓은 것 같은 느낌이 나며, 아이보리 색상 계열의 소스 생산에 사용한다.

(2) 화이트 루(white roux)

화이트 루는 색상 자체는 흰색이지만 페일 루보다는 오래 볶아서 고소한 맛이 난다. 또 농도의 세기가 강하여 다른 루에 비하여 소량을 사용할 수 있는 장점이 있다. 화이트 계열의 소스와 크림 수프에 이용한다.

(3) 블론드 루(blond roux)

블론드 루는 화이트 루보다 오래 볶아서 고소한 맛이 강하지만 농도는 묽어진다. 밀가루의 캐러멜화가 일어나기 직전에 완성하여 블론드색의 소스에 사용한다.

(4) 브라운 루(brown roux)

브라운 루는 갈색으로 완성된 루를 말한다. 완성된 루는 브라운 소스와 같이 짙은 색을 내야 하는 소스에 사용한다.

제4절 맛내기 기술

1. 맛의 기본 구성

1) 맛의 종류

(1) 짠 맛

짠맛은 음식의 간을 조절하는 맛으로 짠맛을 내는 소금은 빵과 과자를 만들 때 소량 사용하면 단맛을 부드럽고 강하게 하며, 초무침에 소금을 사용하면 초의 신맛을 부드럽게 한다.

(2) 단 맛

단맛은 모든 식재료에 어느 정도는 존재하고 있으며 그 중 설탕과 꿀, 물엿이 단맛의 조미료로 이용된다. 모든 식재료에 포함된 단맛은 조리 과정에 따라 이용도가 다를 뿐만 아니라 다른 맛을 상승시켜 주는 역할도 하게 된다.

(3) 신 맛

적당한 양의 신맛은 식욕을 증진시키고 소금과 같이 단백질을 응고시킨다.

(4) 쓴 맛

쓴맛은 일반적으로 음식의 맛을 떨어뜨리는 작용을 한다. 그러나 음식에 극히 미량으로 포함하면 맛을 내는데 유용하다. 소량의 쓴맛은 식욕을 증진시키고 소화를 촉진시키는 작용을 한다.

(5) 매운맛

매운맛은 순수한 맛이 아니고 혀와 코의 점막을 자극하여 느끼는 통각이다. 그러나 매운맛은 미각 신경을 자극해서 식욕을 증진시킬 뿐 아니라 타액의 분비를 촉진시켜 혈액순환을 돕는 효과도 있다.

2) 맛내는 재료

(1) 허브(Herb)

향신료는 방향성 식물의 꽃, 잎, 줄기 등에서 얻는 강한 향이나 자극성 있는 매운맛을 내는 것으로, 음식의 맛을 살리고 식욕을 돋구기 위해 사용한다. 대부분의 향신료는 열대 지방에서 생산되며, 주로 육류인 쇠고기, 양고기, 돼지고기 닭고기 등과 훈제 연어, 생선 마리네이드에 많이 사용한다.

향신료는 요리의 맛과 향을 내기 위하여 사용한다는 점에서 같으나 채취 부위에 따라 스파이스와 허브로 크게 나눌 수 있다. 스파이스가 허브에 비해 향이 강하다.

2. 향신료의 성분과 역할

1) 허브와 스파이스 성분

- 비타민과 미네랄이 풍부, 각종 약리성분이 함유됨
- 기능 : 소화 · 수렴 · 이뇨 · 살균 · 항균작용 등
- 식이요법을 겸하는 경우가 많으며 요리에서 스파이스의 기능이 점차 강조
- 허브가 함유된 정유성분이나 화학성분 등은 식욕을 돋구어 준다.
- 나라와 사용하는 허브
  - 중동과 그리스 : 오레가노 · 민트 · 딜
  - 태국 : 코리안더(coriander)잎, 레몬그라스(lemon grass)
  - 영국 : 세이지(sage)
  - 이탈리아 : 바질(basil) · 토마토 · 로즈마리
  - 독일 : 세이버리(savery), 콩
  - 프랑스 : 타라곤(tarragon) · 주니퍼(juniper) · 라벤다(lavendar) · 월계수 · 로즈마리 · 회향풀

2) 역 할

- 육류나 생선의 냄새를 없애 주는 탈취제 역할

- 상큼한 향기를 부여
- 맵고 달며 시고 쌉쌀한 맛을 내는 향신료
- 색소성분에 의하여 착색작용
- 방부작용·산화방지 등 식품의 보존성을 높이는 역할
- 식욕을 자극하여 소화흡수를 돕고 구충작용·노화방지 등 신진대사에 기여

3) 허브와 스파이스 사용법

(1) 향기를 얻기 위한 사용법

- 후레시(fresh) 허브 : 잘게 다진 후 음식을 불에서 내리기 전에 첨가. 익히지 않은 음식(샐러드)에 혼합
- 스파이스 : 음식을 먹기 바로 직전. 조리 마지막 20분 전
- oil & vineger : 올리브 오일과 식초에 허브를 일정시간 담가둔 후 그 향을 오일과 식초에 우려 사용

(2) 이미·이취 제거를 하거나 맛을 내기 위한 사용법

- 드라이된 허브 종류와 스파이스·씨드 종류를 이용 → 조리과정에 넣어준다.
- 스톡과 소스에 사용(30분 미만)

(3) 약용 및 미용

- 로즈마리·라벤더·타임·레몬밤·세이지·자스민·사프론 등

(4) 음료 및 차

- 신선한 허브를 말려 이를 물에 우려내어 녹차와 같은 방식으로 마신다.

(5) 허브오일 / 허브식초

- 장기보존을 위해 오일류나 식초를 혼합시켜 보관하는 방법
- 기능 : 보다 오래 보관 가능, 오일이나 식초에 허브의 향을 첨가

(6) 건조한 허브 및 스파이스를 사용할 경우

- 신선한 재료의 1/6을 사용

(7) 허브와 스파이스는 각각 맛과 향에 대한 강도의 차이가 난다

- 맛과 향에 대한 강도가 다르므로 사용량을 달리 하여 사용
- 소량씩 사용 : 과용으로 인한 본래의 음식 맛의 감소를 막기 위해

(8) 전통적인 방식이나 특정목적에 의한 사용법

몇 종류의 허브나 스파이스를 별도로 혼합하여 사용하기도 한다.

4) 형태에 따른 사용법

형태(보관상)		사용방법	제 법	요 리
Fresh		1. 깨끗이 세척 후 잘게 다짐 2. 바로 또는 오일에 절여 두어 사용	바질, 딜, 마조람, 처빌 등	샐러드, 수프, 요리
Dry	Whole	1. 통으로 사용하거나 기계를 이용하여 갈아서 사용 2. 조리시간과 용도를 달리함 3. 거즈에 싸서 사용	통후추, 계피, 월계수잎, 타임, 마조람	스톡, 소스, 수프, 샐러드
	Ground	1. 분쇄된 상태의 Herb와 Spice는 쉽게 향을 잃어버림 2. 반드시 밀봉상태로 건조한 곳에 보관 3. 조리 시 마지막 10분 정도에 사용 4. 후레시 사용량의 1/6을 사용	후추, 오레가노, 커리, 올스파이스 넛맥, 파프리카	스톡, 소스, 여러 요리에 사용

5) 사용에 따른 주의사항

- 본 음식의 맛을 변화시켜서는 안 된다.
- 음식 자체의 맛을 보강시켜 주는 데 사용되어야 한다.
- 항상 중간 정도로 사용
- Fresh, Dry, Seed, Whole, Ground 상태에 따라 사용을 다르게 해야 한다.

서양요리에 주로 사용되는 향신료

종 류	특 징	용 도	사 진
케러웨이씨 (caraway seed)	1. 회향풀의 일종 2. 씨뿐만 아니라 뿌리도 삶아 먹음 3. 향기 있는 기름이 함유	케이크, 빵, 치즈, 수프	
계 피 (cinnamon)	1. 계피나무의 껍질을 말린 상태 2. 그대로 또는 가루로 만들어 사용	케이크, 비스킷, 단 후식, 피클	
정 향 (cloves)	1. 열대지방에서 자라는 나무의 꽃봉오리를 피지 않은 상태로 따서 말린 것 2. 강한 향미로 함께 넣은 다른 식품들은 특유의 냄새를 잃게 되므로 주의	빵, 과자, 육류음식	
카레가루 (curry powder)	1. 카더몬·카시아·칠리·계피·정향·생강·겨자·상황뿌리 가루 등의 여러 향신료를 섞어 만든 복합 향신료	카레	
딜 씨 (dill Seed)	1. 냄새·모양·생육조건이 캐러웨이씨와 비슷 2. 잎은 약초로 사용 3. 저장식품, 초절임, 오이 피클을 만들 때 사용	생선음식, 피클	
생 강 (ginger)	1. 우리나라에서 양념으로 이용되는 향신료 2. 뿌리를 그대로 또는 통으로 말림 3. 가루로 만들어 사용	단맛을 가진 후식, 피클	
겨 자 (mustard)	1. 겨자씨를 말려 통 또는 가루로 만들어 사용	쇠고기·돼지고기음식, 치즈음식	

넛 맥 (nutmeg)	1. 육두구나무의 열매에서 얻는 향신료 2. 열대지방에서 생산되어 사용	소스, 토마토케 첩, 단맛을 지 닌 후식	
후 추 (pepper)	1. 더운 기후에서 자라는 관목의 붉게 익 는 열매를 따서 말린 것(원산지 : 인도)	고기음식	
바 질 (basil)	1. 옅은 신맛과 달콤하면서도 강한 향기 를 가짐 2. 거의 모든 이태리음식에 첨가할 수 있음	수프, 소스, 생 선음식, 스터핑	
월계수잎 (bay leaves)	1. 잎을 말려두었다가 음식을 만드는 도 중에 넣어 향기를 냄(음식이 끓으면 건져내야 함)	고기음식, 스튜, 수프	
박하잎 (mint)	1. 꿀풀과에 딸린 여러해살이 풀	박하소스, 햇감 자, 햇콩볶음	
파슬리 (pasley)	1. 널리 이용되고 있는 진한 녹색의 식 용풀 2. 장식용으로 주로 쓰임	샐러드, 소스, 수 프, 스터핑	
로즈마리 (rosemary)	1. 가늘고 통통한 녹색 잎이 음식의 향 미를 위해 사용 2. 말린 잎보다는 싱싱한 것이 좋다.	양고기, 닭고기 음식, 수프, 스 튜, 샐러드	

세이지 (sage)	1. 회녹색의 식물로 타원형 2. 약간의 솜털이 있음	돼지고기, 오리 고기, 거위고기	
세이보리 (savory)	1. 종류 : 일년생 여름 세이보리, 다년생 겨울 세이보리 2. 잠두(납작한 콩)와 함께 쓰임 3. 다른 향초와 함께 섞어 다양하게 조리 가능	수프, 샐러드	
타라곤 (tarragon)	1. 잎이 좁은 녹색의 다년초 2. 오랫동안 유지되는 은은한 향미가 있음 3. 서양음식, 이탈리아 음식에 애용	토마토 샐러드, 생선음식, 스파게티	
타 임 (thyme)	1. 종류 : 코먼타임, 레몬타임 2. 윤기가 있고 은은한 향미가 있음 3. 다년초의 잎으로 가장 흔히 사용됨	수프, 오믈렛, 샐러드, 고기음식	
오레가노 (oregano)	1. 코를 찌를 듯한 향기를 가짐 2. 소시지·토마토·양고기 등의 재료로 함	스튜, 오믈렛 수프, 피자, 샐러드, 스파게티	
딜 (Dill)	1. 미나리과의 1년초 생선요리에 주로 사용 2. 위장장애, 변비해소에 좋다.	생선요리, 생선 절임	
처 빌 (Chervil)	1. 한해살이풀로 파종 후 한 달 반 정도면 수확 가능 2. 유럽에서 사순절에 먹는 풍습이 있다.	샐러드, 생선요리, 수프, 가니쉬	

3. 음식 맛내기

1) 맛보는 법 배우기

- 깨끗한 숟가락에 소량의 음식을 뜬다.
- 처음 맛을 느끼기 위해 혀끝으로 갖다댄다.
- 음식을 입천장으로 가져가서 맛을 음미한다.

2) 맛의 진단과 맛내기

- 모든 사람이 모든 음식의 맛을 봐야 한다(실습생 포함).
- 고객에게 제공되기 전에 완벽한 상태이어야 한다.
- 마지막으로 후추를 가미
- 식초치기 등은 개인별 기호를 최대한 만족시키도록 해야 한다.
- 가미로 인해서 음식의 성격을 변화시키거나 특성을 제거해서는 안 된다.
- 소스 첨가작업은 소스담당자에게 맡긴다.

3) 맛보기의 위생

- 항상 간을 보기 위한 숟가락(티스푼)을 준비
- 맛을 보기 위해 음식에 손가락을 담구지 않는다.
- 맛을 본 후 숟가락을 씻어서 헹구어 놓는다.

 제5절 색내기 기술

1. 자연적 색내기 기술

1) 스테이크 굽기

스테이크 굽기를 하면서 고기 겉표면의 색을 통하여 미각을 자극시킬 수 있는

효과를 가져올 수 있다.

2) 빵굽기

빵굽기는 조리과정에서 색내기 방법이 직접적인 색내기 기술과 관련이 매우 깊다.

3) 채소 삶기

채소를 삶을 때 약간의 소금을 첨가하면 푸른색이 더욱 선명해진다.

2. 인위적 색내기 기술

1) 첨가재료에 의한 다양한 색내기

조리에 사용되는 식재료에 의한 색내기는 음식의 품질을 높일 목적으로, 음식에 알맞은 색을 첨가 재료를 통해서 색을 내는 방법을 말한다. 대표적인 것으로 루(roux)가 있다.

2) 채소의 색내기

스튜와 같은 습열 조리를 할 때 채소를 볶아 줌으로서 오랜 시간 조리 후에도 채소의 형태 유지는 물로 질감까지도 살아 있게 된다. 또한 맛과 향도 증가한다.

3) 천연 식재료 첨가

천연 색채 식재료 첨가방법은 식품의 천연 색소를 이용하여 음식의 품질을 높이는 것을 말한다.

붉은색을 낼 때는 비트, 고춧가루, 토마토 가공품, 적채, 파프리카 분말 등을 사용하며, 푸른색은 시금치, 파슬리, 피망, 쑥, 노란색은 샤프란, 치자, 버터, 달걀 노른자, 오렌지 주스, 망고 주스, 겨자, 흰색은 생크림, 우유, 밀가루, 식초, 검정색은 간장, 발사믹 식초 캐러멜, 오징어 먹물 등을 사용하여 색을 낸다.

4) 생크림 사용하기

수프와 소스 요리에 많이 사용하는 생크림은 음식의 부드러운 맛을 내기 위해 사용한다. 그러나 어두운 색의 소스에는 생크림을 조금만 사용하는 것이 음식의 색을 내는데 더 효과적이다.

3. 조리법의 이해

1) 육 수

(1) 육수(Stock)의 중요성

육수는 영어로는 스톡(stock), 프랑스어로는 폰드(fond) 또는 부용(bouillon)이라고 하며, 국물 요리의 중심 재료가 되어 모든 요리의 영양과 맛을 결정하게 된다. 그러므로 훌륭한 국물 요리를 얻기 위해서는 좋은 품질의 육수부터 만들어야 가능하다. 품질이 우수한 육수를 생산하기 위해서는 사용하는 재료의 상태, 첨가방법, 불 조절방법 등의 여러 가지 요인이 복합적으로 관여되므로 주의를 기울여야 한다.

① 중심 재료

육수에 사용할 뼈(Bone)와 고기(Meat)는 육수의 맛, 풍미, 색을 좌우하는 가장 중요한 재료로서 품질이 우수한 것을 선택하여 사용하여야 한다. 즉 뼈의 연골과 고기의 결합 조직은 양이 많을수록 육수의 윤기와 풍미를 주는 젤라틴이 많아져 좋은 육수를 얻을 수 있다.

- 소뼈와 송아지뼈 : 소뼈는 어릴수록 콜라겐의 함유량이 많으며, 관절뼈, 등뼈, 목뼈 등이 육수를 끓이는데 적당한 부위이다.
- 고기 : 육수를 내기 위해 사용되는 고기는 양지머리 부위가 가장 적당하다.
- 닭뼈 : 닭뼈는 살을 발라 낸 모든 뼈를 육수로 사용하기에 적당하지만, 목과 등뼈가 가장 좋은 부위라 할 수 있다.
- 생선뼈 : 육수에 사용할 수 있는 생선뼈는 흰살 생선 중에서도 지방성분이 적고, 바다 밑에서 사는 몸통이 납작한 생선인 넙치와 가자미가 적당하다.

② 육수를 끓일 때 주의할 점

- 중심 재료(고기, 뼈)의 선택을 잘해야 한다.
- 끓이기 전에 뼛속의 피와 불순물을 제거한다.
- 찬물로 끓이기 시작한다.
- 불 조절에 유의한다.
- 끓이는 도중에 거품을 수시로 제거해야 한다.
- 뜨거울 때 거른다.
- 될 수 있는 대로 빨리 식힌다.
- 완성된 육수를 잘 저장한다.
- 기름을 제거한다.

2) 소 스

(1) 소스(Sauce)

① 소스의 개요

소스의 어원은 소금이 기본양념으로 사용된 이후로, 라틴어의 'salus'에서 유래되었으며, 요리에 곁들이는 역사는 매우 오래전부터라고 할 수 있다.

소스의 재료는 본래의 맛과 향기를 유지하면서 음식의 품질을 더욱 높여 주고, 요리의 전체적인 맛을 더해 주는 것이 무엇보다 중요하다. 따라서 소스는 생선, 육류, 채소 등의 재료에 따라 종류가 다양하여 음식에 적합하게 사용하는 것이 중요하다. 서양요리에서 맛이나 색을 내기 위해 생선·고기·달걀·채소 등 각종 요리의 용도에 적합하게 첨가하는 액상 또는 반유동상태의 배합형 액상조미액이고, 현재 사용되고 있는 중요한 소스만 해도 400~500종에 달하며, 각국마다 고유의 특성을 지니고 있다.

소스는 요리의 맛·영향·향기·형태·색·농도를 결정할 뿐 아니라, 소화작용을 도와주기 때문에 서양요리에서 대단히 중요한 위치를 차지한다.

조리과정 중 재료들을 서로 결합시키는 역할을 한다.

② 소스의 기본구성요소(Basic Ingredient of Sauce)

소스는 스톡과 농후제의 결합으로 이루어진다.

스톡(Stock)은 고기와 뼈 등을 이용해 추출해 낸 육수로 소스의 맛을 좌우하는 기본 요소이다. 스톡은 소, 닭, 생선, 채소, 향신료 등을 물과 함께 끓여 우려낸 국물로서 소스생산의 가장 중요한 조리 과정이므로 깊은 맛을 낼 수 있도록 생산해야 하며, 농축시켜 두었다가 일정기간 필요할 때마다 사용하므로 보관 시 이물질이나 다른 향이 스며들지 않도록 주의해야 한다.

농후제(Thickening agents)는 스톡을 진하게 하는 성분으로 교화시킬 수 있는 특성과 유화하는 성분을 가진 재료를 넣어 소스를 진하게 하거나 맛, 색, 농도 등을 조절하기 위해 사용한다. 소스에 사용되는 농후제는 대부분 녹말이 젤라틴화 되는 원리를 이용한 것이다. 녹말의 젤라틴화는 물과 함께 열을 가했을 때 끈끈해지는 현상인데, 소스가 끈끈해지면 구강 내에 머무르는 시간이 늘어남으로써 맛을 느낄 수 있는 시간이 길어지고 감촉을 좋게 함으로서 맛의 느낌을 후각이나 촉각 등으로 확대시킬 수 있다. 농후제는 자신의 특성은 최소화하고 소스 기본재료의 특성을 최대화하는 재료가 적격이다.

• 루(Roux)

루는 버터와 밀가루를 같은 비율로 팬에 볶아낸 것이다. 서양 요리에서 많이 사용하는 대표적인 농후제로 소스의 농도를 조절하기 위해 사용한다. 루는 밀가루에 버터의 지방성분이 싸여 포화 상태가 될 때까지 잘 저으면서 볶아야 쉽게 풀어지거나 엉기는 것을 방지할 수 있다.

• 전분(Starch)

아주 미세한 분말 형태로 이루어져 있으며 Corn, Arrow root, Tapioca, Rice, Potato Starch 등이 있다. 응집력과 광택이 훌륭한 농축제이나 분리되기 쉬운 성질과 자체의 맛 성분 때문에 서양요리에서 사용하는 경우는 적은 편이다. 전분을 사용해야 할 경우는 소스에 넣기 전에 물에 완전히 풀어준 후 끓고 있는 소스에 소량씩 넣으며 잘 혼합시켜주어야 한다.

• 베르마니에(Beurre manie)

베르마니에는 프랑스어로 치댄 버터라는 뜻이다. 밀가루와 버터를 같은 비율 또는 1:2의 비율로 부드러워질 때까지 비비거나 치대서 섞은 후 사용한

다. 너무 오래 끓이면 분리 현상이 일어날 수 있기 때문에 소스 조리의 마지막 단계에서 조금씩 넣어 농도를 조절한다. 버터는 소스의 맛과 향, 빛 등을 좋게 해주고 밀가루는 버터만 사용하는 것보다 소스를 오래 보관할 수 있게 해준다. 이뿐만 아니라 비교적 쉽게 만들 수 있고 사용이 간편하다는 것 때문에 서양요리에서 흔히 사용된다.

• 리에종(Liaison)

리애종은 단순히 소스에 농도를 내기 위한 것이 아니라 풍미와 영양을 더하고 질감과 색 조절까지 하는 것이다. 달걀노른자나 크림을 각각 이용하는 경우와 달걀노른자에 크림을 혼합(1:3)하여 사용하는 경우 등이 있다. 일반적으로 후자의 경우를 많이 사용하며 달걀노른자가 들어간 것을 사용할 때는 특히 온도에 주위를 기울여야 한다. 너무 뜨거울 때 첨가하면 달걀노른자가 익으면서 소스에 덩어리 현상이 일어나기 때문에 소스가 따뜻한 상태일 때 재빨리 저으면서 넣어야 한다. 달걀노른자는 65℃~70℃ 사이에서 응고가 시작되며, 리에종을 넣고 완성된 수프나 소스는 85℃가 넘으면 덩어리 현상이 일어나면서 굳어진다. 그러므로 달걀노른자가 함유된 리에종은 65℃ 미만일 때 풀어주는 것이 적당하고, 완성된 수프나 소스의 저장온도는 85℃ 미만이어야 한다.

③ 색에 의한 소스 분류(5대 모체소스)

색분류	갈 색	흰 색	미색(브론드)	적 색	노란색
모체소스	Espagnole Demi Glace Glace de Viande	Bechamel	Veloute	Tomato	Hollandaise
내용설명	퐁드보(Fond de veau)에 물과 향신료를 넣고 끓여 낸 것이 에스파뇰이다. 이것을 반으로 졸인 것이 데미 글라스, 다시 반으로 졸인 것이 그라스 비앙이다. 양식에서 가장 많이 사용되는 기본소스이다.	화이트 루에 우유를 첨가해 걸쭉하게 만들어 향신료를 넣어 끓인 소스이다. 생선, 채소에 많이 이용된다.	비프스톡이나 피시스톡에 루를 첨가하여 농도를 낸 소스이다. 흰살류, 갑각류요리에 많이 이용된다.	토마토를 주재료로 채소와 스톡을 첨가하여 만든 소스이다. 이탈리아 요리에 많이 이용된다.	유지소스로 달걀 노른자와 정제버터로 만든 소스이다. 생선, 채소요리에 많이 이용된다.
파생소스	· Piquante · Chateaubriand · Maderia · Colbert · Shasseur · Bigarade · Porto · Zingara · Hunter · Perigueux · Perigourdin · Bordelaise	· Mornay · Cream · Leek · Cardinal · Mustard · Soubise(White onion) · Nantua · Caper · Oyster	· Alleamande · Supreme · Albufera · Aurora · Dill · Ivory · Cardinal · Normandy · Albufera · Bercy · Poulette · Champignon	· Creole · Portugese · Bolonaise · Napolitan · Pizza · Italian Meat · Milanese	· Bearnaize · Mousseline · Maltase · Choron · Palois · Rachel

* Fond de veau : 송아지정강이뼈와 고기, 미르포아를 오븐에서 갈색이 나도록 한 것

④ 모체소스(Mother sauce)의 분류

• 흰색 모체소스(샤멜 소스) : 흰색 모체 소스는 우유 및 생크림을 중심 재료를 사용하므로 일반적으로 맛이 부드러운 것이 특징이다.

• 연갈색 모체소스(벨루테 소스) : 벨루테 소스는 연갈색의 루(blond roux)를 볶은 후 육수를 첨가하여 만든 소스이다.

• 갈색 모체소스(데미글라스 소스) : 양식조리에서 많이 사용되며 메인코스 요리의 기본 소스로 이용된다.

- 붉은색 모체소스(토마토 소스) : 토마토 소스는 주로 토마토가 많이 들어가는 이탈리아의 파스타 요리, 즉 스파게티와 피자에 많이 사용한다.
- 노란색 모체소스(홀란데이즈 소스) : 홀란데이즈 소스는 불투명하고 노란색의 레몬 맛이 나는 소스로 달걀 노른자와 정제 버터로 만든 소스이다.

3) 농도가 있는 국물요리

(1) 수프(Soup)

① 수프의 개요

수프는 고기, 가금류, 생선, 채소에서 축출한 육수나 크림을 기초로 한 국물요리이다. 수프는 어느 나라든지 주요리를 먹기 전에 제공되며 식욕 촉진의 역할을 한다.

② 수프의 분류

맑은 수프(Clear Soup)는 맑은 스톡을 기초로 하여 만든 수프로 아래와 같은 종류가 있으나 대표적으로 콘소메라고 부른다.

- 브로스와 부용(Broth, Bouillon) : 브로스와 부용은 보통 구별하지 않고 사용하는데, 다 같이 다른 장식을 사용하지 않고 일반 육수보다 좀더 맛이 풍부하고 정제된 수프이다.
- 채소 수프(Vegetable Soup) : 맑고 깨끗한 스톡이나 부용에 채소를 첨가하거나 양파, 당근, 샐러리, 감자를 첨가하여 만든 수프이다.
- 콘소메(Consomme) : 맛이 진한 스톡이나 부용을 더욱 정제하여 만든 수프이다.

걸쭉한 수프(Thick Soup)를 일반적으로 포타주(Potage)라고 한다.

- 크림 수프(Cream Soup) : 루(roux), 뵈르마니에(beurre-manie) 등의 농후제와 우유나 크림을 첨가하여 만든 수프이다.
- 퓌레 수프(Purre Soup) : 퓌레 수프는 각종 채소에 스톡을 넣어 푹 끓여 체에

걸러 만든 것으로 크림 수프보다 부드럽지 않다.

- 비스크 수프(Bisques Soup) : 각종 갑각류를 이용하여 만든 걸쭉한 수프로 크림으로 마무리한다.
- 차우더 수프(Chower Soup) : 생선류, 갑각류, 채소류 등을 이용하여 만든 미국 스타일의 건더기가 많은 수프로 보통 우유와 감자가 들어간다.
- 포타주(Potage) : 좁은 의미의 포타주는 농후제를 사용하지 않고 콩 자체의 녹말 성분을 이용하여 걸쭉하게 만든 수프를 의미하고, 넓은 의미의 포타주는 농후제나 퓌레로 만든 걸쭉한 수프를 의미한다.

특수 수프(Special Soup)는 다음과 같다.

- 프렌치 어니언 수프(French Onion Soup) : 프랑스식 양파 수프이다.
- 보르시 수프(borshch Soup) : 러시아와 폴란드식 수프로 신선한 비트를 이용해서 만든 수프이다.
- 미네스트로니 수프(Minestrone Soup) : 파스타와 콩을 주재료로 하는 이탈리아 수프이다.
- 찬 감자 수프(Vichyssoise / Cold Potato Soup) : 감자와 대파, 생크림으로 끓이고 차게 식혀 만든 수프이다.
- 가르파초 수프(Gazpacho Soup) : 스페인의 남부 안달루시아 지방에서 유래한 여름용 수프이다. 이 수프는 가열하지 않고 토마토, 피망, 양파, 셀러리, 오이, 빵가루, 마늘, 올리브유, 식초, 레몬 주스 등을 함께 섞어 퓌레처럼 만든 수프이다.

상식코너
세계에서 가장 비싼 향신료는?

결론부터 이야기하면 "샤프란"이다.

최근까지도 샤프란의 무게는 금의 무게와 대등한 값으
로 매겨졌다 하는데, 그것은 한 개의 구근에서 2~3송
이의 꽃이 피고 그 한 송이 꽃에 3갈래로 갈라진 1개
의 빨간 암술이 있어 이것을 따서 말린 것이 바로 "샤프
란"이다.

샤프란은 말리면 실과 같이 가늘어지는데 1g의 샤프
란을 얻으려면 500개의 암술을 말려야 하며 대개 160개의 구근에서 꽃이 핀 것을 따서
말린 무게라는 것이다.

더욱이 일일이 하나씩 손으로 따야 하므로 수고비가 가중되어서 금값처럼 비쌌던 것이다.

고가인 샤프란은 황금색 염료로서 로얄컬러라 하여 고대 그리스나 로마시대에는 왕실의
명예와 고귀함의 상징으로 삼아 왕실의 의상을 염색하는데 쓰였으며, 고상한 향기가 있
어서 귀한 향료로도 존중했는데 유태인들도 귀하게 여겼음이 성경의 아가서 4장 14절에
Karkom(번홍화)라 하여 기록하고 있다.

샤프란 염료는 의류뿐 아니라 음식물의 착색제 및 향미료로 쓰며 과자, 술, 음료수 및
여러 가지 요리의 착색 향미료로 쓰여서 유럽 음식문화에 없어서는 안 될 식물이다.

예부터 귀중한 약초이기도 했는데, 이란에서 인도로 건너간 값비싼 교역품의 하나로 카
레의 착색제였으며, 인도나 그리스에서는 최음제로 썼으며 우울증의 치료제였다.

샤프란의 주 생산국은 스페인과 포르투갈, 네덜란드 등이며, 값이 비싸서 주로 고급요리
의 향신료로 많이 쓰인다.

제15장
재료에 따른 기초 손질법

제1절 중심 재료의 이해

1. 육류(Meat)

1) 육류의 구성

(1) 근육 조직(Muscle Tissue)

근섬유로 구성되어 가늘고 긴 모양을 이루며, 요리에는 골격에 붙어 있는 골격근이 가장 많이 이용된다.

(2) 결합 조직(Connective Tissue)

결합 조직은 근육 섬유와 지방 조직을 포함하고 있으며 근육 섬유의 묶음을 모아서 그 끝을 골격에다 연결시키고 있는 것을 말한다. 각 근육과 골격을 연결하는 역할을 하는데, 이 결합 조직이 모인 것을 힘줄이라고 한다.

(3) 지방 조직(Fat)

지방 조직은 육류 전체에 작은 입자 또는 큰 덩어리로 흩어져 구성되어 있다. 한편, 지방 조직은 피하, 내장 부분에 큰 지방세포로 많이 분포되어 있으며, 결합 조직과 근육 속에는 작은 지방세포로 많이 분포되어 있다.

(4) 골격(Bones)

뼈의 조직은 동물의 나이에 따라 다르다. 어린 동물의 등뼈는 연하고 분홍색이며, 성숙한 동물의 뼈는 굵고 희다.

2) 육류의 사후 경직과 숙성

(1) 사후 경직(Rigor mortis)

동물은 사후 즉시 근육이 탄력을 잃고 단단하게 굳는 경직 상태가 되는데 이를 사후경직이라고 한다. 또 경직 상태는 시간이 경과함에 따라 풀려가며 연화되

는데 이를 숙성이라고 한다.

(2) 숙성(Aging)

사후 경직과정에 생산된 젖산에 의해 육류의 p.H가 5.5 정도가 되면 효소에 의해 자기소화가 되고, 경직이 풀려 숙성이 되면 근육도 연화되고 보수성도 증가되며, 맛과 풍미가 좋아진다. 숙성은 고기를 연하게 하는 가장 중요한 방법의 하나이다.

3) 육류의 연화법

조리를 통해 섭취의 효과를 높이기 위해서는 근육 조직을 다양한 방법으로 연화시켜 이용하는 것이 좋다.

(1) 숙성시키는 방법

첫째, 냉장 숙성은 현재 가장 일반적인 숙성방법으로 0도에서 3도까지, 85~100% 상대습도에서 6~11일간 저장하거나 유통 중 숙성을 거치는 방법이다.

둘째, 고온 숙성은 10도에서 20도의 온도에서 도살 후 10시간까지 숙성시키는 방법이다.

(2) 기계적 방법

칼집을 주거나 기계에 갈고, 다지기를 하면 육류의 조직을 연하게 할 수 있다.

(3) 효소작용 방법

육류의 연화를 위해서 주방에서 쉽게 구할 수 있는 배, 사과, 양파, 키위, 파, 정종, 맛술 등을 사용한다.

(4) 가열 방법

육류를 건열 또는 습열로 가열하면 단백질 변성과 콜라겐의 연화를 가져와 조직이 부드러워진다.

(5) 산과 pH 변화 방법

콜라겐이 젤라틴으로 되어 변화가 가장 일어나기 어려운 pH는 5.0~6.0 사이이며, 이보다 pH가 높거나 낮으면 고기는 점점 연화된다.

(6) 염류 및 당을 이용하는 방법

세포 내의 단백질은 염화나트륨, 염화리튬, 염화암모늄 등의 용액에 녹으므로 단백질의 수화를 증가시켜 육류를 연화시킨다.

제2절 식재료 관리 및 다루는 기술방법

1. 식재료 다루기 : 채소 다듬기

1) 잎사귀채소 다듬기

(1) 씻 기

• 물속에다 재료들을 담그는 것에 의해서 지저분한 것, 모래·흙·벌레 등을 제거하는 행동

(2) 구 성

• 씻기의 작업위치는 매우 한정되어 있다.
• 능률적인 작업이 가능
• 작업진행의 방향은 항상 같은 방향

(3) 기 술

• 그릇이나 통에 물을 붓는다.
• 준비된 재료들을 몇 분간 담가 둔다(껍질을 벗기거나 자른 것 또는 그렇지 않은 것 등).

• 흙이나 그 밖의 더러운 것이 더 잘 씻기기 위하여 손으로 문질러 주어야 한다.
• 깨끗해질 때까지 몇 번이고 씻기를 반복한다.

(4) 참 고

• 굳은 흙이 강하게 달라붙어 있을 경우에는 따뜻한 물로 씻으면 된다.
• 양배추나 꽃양배추 그리고 몇몇 야채들은 씻는 물에 식초를 몇 방울 떨어뜨리면 좋다(산은 벌레에 반응하며, 빨리 떨어지게 하기 때문이다).
• 버섯은 물속에서 손으로 문질러 주어야 한다. 이유는 흙이 살에 강하게 붙어 있기 때문이다.

2) 양상추 다듬기

• 물은 항상 풍부하게 전체가 물에 잠기도록 담가둔다.
• 샐러드를 씻을 때는 항상 세심한 주의를 기울여야 한다(벌레가 속 안에 붙어 있어 제거가 힘들다).
• 샐러드는 진딧물과 작은 유충들이 많다(그러나 양배추는 씻는 물에 식초를 넣어서는 안 된다. 샐러드는 부서지기 쉽고, 식초는 그것을 약하게 만든다).
• 씻은 뒤에 샐러드는 조심해서 샐러드 소쿠리에 담거나 보호하기 위해서 또는 특별한 건조기에 넣는다.
• 다듬은 샐러드는 오랫동안 물에 담가두지 않는 것이 좋다.
• 다듬어서 빨리 씻고 물을 털어내는 것이 좋다.
• 제일 가운데의 작은 잎들은 전체대로 놓아둔다. 에피타이저에 장식으로 사용하면 효과적이다.

3) 버섯 다듬기

• 흙이나 모래를 털어낸다.
• 버섯의 밑부분을 제거할 때는 손실을 줄일 수 있도록 세심하게 작업을 한다.
• 버섯이 오래된 것 같으면 머리 부분을 벗겨낸다.
• 상한 부분이나 부패한 부분 그리고 거무스름한 부분을 제거한다.

- 오래되고 신선도가 낮은 버섯은 검고 얇은 층을 형성하고 있다.
- 껍질을 벗겨낸 뒤에는 물에 담그지 않는다(씻을 때와 익힐 때에 물에 넣어서는 안 된다).

4) 부케가르니(bouquet garni) 만들기

- 파슬리 끝부분을 잡을 것(이탈리안 파슬리와 잘게 썬 파슬리를 뽑아낸 후 회수된 것들)
- 왼손을 벌리고, 그 안에 파슬리 끝부분을 놓으며, 그 가운데에 월계수 잎과 백리향 속 식물의 잔가지를 가져올 것
- 그렇게 얻어진 다발을 적당하게 끈으로 묶을 것
- 부케가르니(bouquet garni)는 소스·Fond 등에 향을 첨가하기 위한 향료다발이다.
- 만약 파슬리 끝부분이나 줄기가 충분하지 못하면(매우 깨끗한) 대파의 푸른 잎과 함께 묶음을 완성시킬 수 있다.
- 셀러리의 한 부분을 첨가한 부케가르니(bouquet garni)도 있다.
- 부케가르니는 향과 풍미를 첨가하기 위하여 넣는 것으로, 그것을 넣은 소스·부용 중에 떨어지지 않도록 실로 다발을 꽉 묶어 준다.

2. 육류·가금류·어패류·생선류 손질법

1) 소고기

(1) 안심손질법

안심(tenderloin)은 소 한 마리에 두 개씩 있고, 평균 4~5kg 정도 된다.

안심 앞면

안심 뒷면

① 해 동
- 수입냉동육은 해동기나 냉장고에서 해동시켜야 하나 여건상 실온에서 해동할 수 있다.

② 손 질
- 고기 가장자리부터 칼질하며 머리(Head) 쪽부터 손질해 나간다.
- 지방제거와 심줄제거를 한다.
- 헝겊에 싸서 피를 제거(aging)

③ 보 관
- 보통 소는 잡아서 10일 정도 숙성하지만, 수입안심은 손질하여 2~3일이면 된다.
- 냉동과 해동을 반복하면 고기가 질겨지고 맛이 없어진다.
- 밖에 너무 오래 방치하면 색이 검어져 나쁘다.

④ Cutting(자르기)
- 용도에 따라 썬다(Butcher, Kitchen에서는 업장 order에 따라).
- 머리 부분, 중간, 꼬리부분으로 구분한다.
- 세분하면 ① Chateaubriand, ② Filet Steak, ③ Tournedos, ④ Small Filet Steak Mignon, ⑤ Filet Tip로 구분된다.

(2) 등심손질법

① 준 비
- 냉동고에서 꺼낸 팬에 담는다.
- 해동실이나 실온에서 녹인다.
- 비닐을 제거한다.

② 손 질
- 도마에 등심을 올려놓고 가장장리부터 손질한다.

- 지방과 심줄을 제거(지방을 1/5 정도 완전히 제거)한다.
- 헝겊에 싸서 보관한다.
- 피를 제거한다.

③ 보 관

- 냉장고에 보관(4~5℃)한다.
- 숙성기간은 2~3일이 이상적이다.

④ 용 도

- 용도에 따라 썬 다음 냉장고에 보관한다.

2) 돼지고기

(1) 특 징

- 돼지고기(Pork)는 식용으로 키운 어린 돼지에서 얻으며, 늙은 돼지의 질긴 고기는 가정용으로 쓰지 않는다.
- 돼지의 품종이나 부위에는 각각 특색이 있는데, 쇠고기에 비해 육질에 큰 차이가 없다.
- 지방은 돼지고기의 풍미를 결정하는 중요한 역할을 한다.
- 하얗고 끈기가 있는 것이 좋은 고기
- 돼지고기의 숙성기간은 냉장고에서 3~7일 정도 보관하면 된다.
- 종류에는 허리고기, 등심, 어깨, 허벅지, 연갑골부분, 갈비, Pointe de Tilet, 가슴, Traver 등이 있다.
- 비계는 탄탄하고 얇아야 하고, 지방질은 고르게 있어야 한다.

(2) 고기의 구입

- 주방장이 고기를 구입하는 것은 매우 중요한 부분이다.
- 고기는 식품저장실에서 다듬고 잘려지며, 냉장고에 저장되었다가 요리에 사용된다.
- 정육점에서 먼저 해야 할 일은 사용하기에 알맞도록 준비하고, 뼈를 제거하는 일이다.

(3) 위 생

- 위생은 요리에서 제일 첫 번째에 속하는 중요한 것이다.
- 소비가 가능하도록 허용된 모든 고기에는 수의사의 관할 하에 검인의 도장을 찍는다.
- 고기의 취급은 가장 엄격한 청결성으로 다루어진다.
- 작업 장소는 가급적 고기가 저장되어 있는 냉동실에서 가까운 위치에 있는 것이 좋다.

3) 양고기

- 양고기의 맛은 나이에 따라 다르고, 매우 부드러운 고기질을 가지고 있다.
- 연한 분홍색이며 매끄러운 결을 가지고 있고 뼈는 기공이 많으며, 붉은 빛을 띤다.

(1) 손 질

- 1/2로 나눈다.
- 지방과 심줄을 제거한다.
- 뼈를 손질한다(2/5 정도 뼈를 발라낸다).

(2) 커 팅

- 용도에 따라 썰어 이용한다.

(3) 보 관

- 헝겊에 싸서 냉장고에 보관한다.
- 보관시 소제한 날짜표시를 해야 한다.
- 바람이 들어가면 부패하거나 고기가 마를 우려가 있다.

4) 가금류

- 닭고기의 품질은 흉골의 끝을 만져보고, 그 단단한 것으로 판단한다.
- 신선한 닭고기는 고기가 팽팽하고, 피부도 윤기가 난다.
- 살이 많이 붙어 있으며, 껍질과 살 사이에 지방이 적당하게 끼어 있는 것이 가장 맛있다.
- 고기의 보존 기간은 주위의 온도, 고기에 들어 있는 수분의 양, 공기와의 접촉 정도에 크게 영향을 받는다.

(1) 구 입

① 만져보기
- 가슴뼈가 잘 휘고 유연해야 한다.
- 무거워야 한다.

② 눈으로 보기
- 일반적으로 형체가 입체여야 한다.
- 살갗이 얇고 싱싱하며 탄탄해야 한다.
- 살 아래로 보이는 지방질이 흰 빛이어야 한다.
- 넓적다리가 굵고 밑 다리가 짧아야 한다.

(2) 가금류의 손질

- 가금류에서 양계에 속하는 것은 칠면조・닭・오리・비둘기・거위 등이며, 사냥물 조류는 오리・꿩・메추라기・타조 등이다.
- 오리, 칠면조, 거위, 닭 등의 가금류는 부위별로 시장주문이 가능하기 때문

에 실제로 작업을 접하기는 쉽지 않다.

• 가금류의 손질도 Butcher 주방의 요리사이면 반드시 숙지하고 있어야 한다.

① 기본손질
  • 해동시킨다.
  • 머리와 내장을 제거한다.
  • 지방을 제거한다.

② 가슴살 도려내기
  • 닭의 가슴이 위로 하게 하여 도마 위에 놓는다.
  • 닭의 가슴뼈를 중심으로 하여 두 부분으로 나누고, 뼈를 타고 내려가면서 칼을 넣는다.
  • 날개 뼈와 몸통 연결 뼈 사이에 칼을 넣어 마무리한다.

③ Roast용 닭 고정하기
  • 다리 위로 가로질러 꼬리 밑으로 실을 매준다.
  • 다리 사이에서 두 줄의 끝을 서로 가로지르게 해준다.
  • 우선 가슴을 쳐서 목의 끝에 실을 걸치고, 어깨와 끝 사이에 줄을 끌어 당긴다.
  • 가급적 줄을 너무 팽팽하게 당기지 않는다.

(3) 가금류 보관
• 뼈를 제거한다.
• 살을 용도에 맞게 썰어 이용한다.
• 진공포장한 후 냉장고에 보관한다.

(4) 용 도
• 내장 제거하기 : 요리하는 데 불필요한 내장들을 제거하는 행위로 내장들 중에서 심장·모래주머니·간 등 허드렛 고기가 되는 부분은 빼둔다.

• 꼬아매기 : 익히는 동안 보기 좋은 모양을 유지시키기 위하여 실과 바늘로 다리를 꼬아맨다.

5) 어패류

• 어패류의 손질
• 광어·도다리처럼 가자미 생선류의 손질
• 농어·연어·대구·도미처럼 일반적인 생선류
• 갑각류의 손질

(1) 일반생선

• 몸체가 길며, 커다란 머리는 날카로운 이빨이 있는 다소간 방어적인 생선 이다(비늘은 작은 주사위 모양).
• 담수어는 해수어보다 맛이 월등하다.
• 생선의 천연적인 습성 또한 그 생선의 품질에 영향을 미친다.
• 송어 같이 많이 움직이는 고기는 가만히 있는 생선 보다 살이 연하다.
• 생선 요리는 살이 뼈에서 떨어질 때가 먹기에 좋다.

① 비늘치기

  • 씻는다(이물질 제거).
  • 비늘치기
  • 재차 씻는다.

② 손 질

  • 도마·칼 준비
  • 내장 제거(날카로운 칼로 복부의 전체길이를 항문에서부터 머리 쪽으로 자른다)
  • 아가미 제거
  • 지느러미 제거(머리와 꼬리를 제거, 생선 등뼈가 큰 것은 생선의 옆구리 에서 잘라낸다)

③ 썰 기
- 포뜨기
- 껍질 벗기기
- 썰기 : 잘 다듬은 커다란 고기는 용도에 맞게끔 적당한 크기로 절단한다.

④ 보 관
- 헝겊에 싸서 피를 제거한다.
- 진공포장해서 냉장고에 보관한다.
- 생선 보관시 바람이 들어가면 안 된다.

⑤ 구 입
- 생선의 신선도를 어떻게 판별하는가?
- 만져 보기 : 살이 단단하고, 비늘이 단단해야 한다.
- 눈으로 보기 : 눈이 맑고 싱싱하며, 아가미가 선홍색이고, 비늘이 빛나야 한다.
- 냄새도 신선해야 한다.

6) 갑각류
- 바다 가재에 가재 길이만큼의 나무를 수평으로 대고 실로 단단하게 고정한다.
- 용도에 알맞게 삶아서 꺼내 온다.
- 가재가 식기 전에 꼬리·머리·집게발을 분리한다.
- 가위를 이용하여 껍질을 벗겨내고, 머리 부분은 소스에 사용한다.

3. 식재료 저장

1) 식재료 저장방법

(1) 냉동 저장

① 냉동 상태는 -18℃ 이하로 저장하고 항상 온도계로 점검한다.
② 식재료에 따라 저장온도 변화에 대처한다.
③ 냉동 보관 중에 냉동으로 인한 손상을 예방할 수 있도록 한다.

④ 냉동 품목 및 저장기간을 준수한다.

⑤ 냉동 식품은 완전히 해동 후 조리한다.

(2) 냉장 저장

① 냉장실의 온도관리에 유의한다.

② 보관 날짜를 기록하면서 관리한다.

③ 보관식품의 제품 정보를 유지한다.

④ 유제품은 향이 강한 음식과 분리해서 보관한다.

⑤ 과일, 채소는 매일매일 상태를 점검한다.

⑥ 냉장저장 중 교차 오염 요인을 제거한다.

4. 조리준비 기술

1) 갈변 방지하기

(1) 갈변 방지법

① 설탕 또는 시럽을 이용하는 방법 : 과일에 설탕을 뿌리거나 시럽에 과일을 담가서 과일 표면으로 공기 중의 산소가 침투하는 것을 막아 갈변을 방지하는 방법이다.

② 가열하는 방법 : 열은 효소 활동을 억제 또는 파괴하므로 갈변을 방지할 수 있다. 갈변만을 방지하기 위해서 모든 채소에 열을 가하는 것은 잘못된 조리방법이다.

③ pH를 변화시키는 방법 : 효소 활동은 pH의 영향을 크게 받으므로 pH 효소 활동의 최적상태가 되지 않도록 하여 갈변을 방지한다. 일반적으로 pH 2.5~2.7이 되면 효소의 활동은 거의 완전하게 방지할 수 있다.

④ 아스코르브산을 첨가하는 방법

⑤ 염소 이온을 이용하는 방법 : 염소 이온은 산화 효소의 활동을 방해하는 성질을 가지고 있다. 그러나 갈변방지 효력은 일시적이다. 소금을 이용한 영구적인 갈변 방지를 위해서는 많은 양의 소금을 사용해야 하는데, 그럴 경우 음식의 맛과 성분, 촉감을 변질시키는 단점이 있다.

상식코너
분자 미식학이란?

'요리를 만드는데 과학적인 대부분 화학 실험의 결과를 이용하여 재료의 장점만을 추출해서 새로운 요리를 만들거나 여러 가지 맛의 조합을 분석해 새로운 맛을 찾아내는 마치 홍어 삼합의 행복과 같은 기존의 요리와는 다른 기발한 상상력을 과학적 발견을 통해 실현해가는 요리 분야이다.'

✱ The application of scientific principles to the understanding and improvement of domestic and gastronomic food preparation.
　– 요리의 이해와 개선을 위해 과학적인 요소를 적응 시키는 것 : 영국 브리스톨 대학 교수 Peter Barham
✱ Combining the 'know how' of cooks with the 'know why' of scientists
　– 요리의 비결과 과학의 원리의 결합 : 분자 미식학계의 지존 Hervé This

분자 미식학계의 지존 Hervé This은 5가지 관점에서 분자미식학에 대하여 말하고 있다.

1. 요리의 노하우와 전해져 내려오는 신비한 기술에 대한 질문
2. 요리과정과 레시피에 대한 이해
3. 새로운 재료, 새로운 도구, 새로운 방법에 대한 소개
4. 새로운 요리의 개발
5. 과학이 때때로 갖게 되는 나쁜 이미지의 종식

여기에 필자는 한 가지 추가한다면 '사랑, 예술, 혼을 담고 있는 요리'라고 새로운 정의를 내리고 싶다. 이는 분자 미식학뿐만 아니라 모든 요리가 나아가야 할 방향이라고 생각되는데 굳이 분자 미식학의 정의라고 말하고 싶다. 그러나 분자미식학이든 자연주의 요리이든 고전적인 요리이든 모든 요리는 어디서든지 맛있는 것은 통하게 되어있으니 같은 길이라 말하고 싶다.

출처 워커힐 가드망져 카페

상식코너
분자 요리란?

조리와 과학과의 결합으로 오감을 이용한 새로운 시도로 육감을 만족시키는 음식을 말한다. 식품의 맛과 향은 그대로 유지하면서 형태를 변형시켜 새로운 질감을 개발한 것으로 사람들의 기대감을 허물고 깨트리는 새로운 트랜드의 음식이다.

액체질소를 사용하여 냉동시키면 액체가 가루로 변한다거나 식재료에 콩단백질인 레시틴을 넣어 거품을 내고 퓨레나 소스류에 알긴산(alginate)을 넣어 둥근 모양으로 굳혀 형태를 변형시킨다. 조리시 분자단위까지 잰다고 할 정도로 세밀하고 정확하게 만들기 때문에 정확성과 섬세함이 요구된다.

분자요리는 넓게 생각하면 food와 feeling을 결합한 신조어로 오감을 즐기며 기존의 보여지는 것을 초월하여 새로운 감동을 주는 새로운 식문화 트랜드로 부상하고 있다.

✽분자요리와 수비드

수비드(Sous Vide) : 수비드는 최근 인기를 누리며 전 세계적으로 널리 알려진 요리법으로 프랑스어로 '진공 포장(Under Vacuum)'이라는 말이 모던 콘셉트를 가리키는 말로 변하여 음식에 적용되었다. 이 방식은 공기에 영향을 받지 않는 포장 안에 음식을 넣어 진공 포장한 후 낮은 온도에서 비교적 긴 시간 동안 조리하는 것을 말한다. 요즘은 물을 순환시키면서 데워주는 열탕기나 진공 포장기 등으로 최첨단 요리기술인 것처럼 인식되고 있지만 이미 프랑스에서는 90년대 중반부터 조리 기구 등을 활용해 널리 쓰였다. 이런 요리의 조합은 고급 음식을 만들 때 정확성과 함께 효율성을 높이는 놀라운 결과를 가져온다.

제16장

조리준비 및 용어해설

제1절 조리의 사전준비과정(Mise en Place)

Mise en Place(미장플러스)란 조리에 필요한 재료 및 도구를 사전에 준비하는 것으로 우리말로는 적재적소 배치라고 할 수 있는데, 구체적으로 하루의 작업을 위하여 필요한 기본적인 식재료를 준비해 놓고 조리도구들을 쓰기 편한 위치에 준비해 놓는 것으로 실제로 조리가 시작되기 전에 모든 준비활동을 완결하는 것이다.

1) Mise en Place(미장플러스)의 목적

실제로 요리가 시작되기 전에 모든 준비 활동을 완결하는 것으로 조리과정은 단순화되고 주문에 따라 음식 제공의 속도 및 절차가 무리 없이 이루어질 수 있는 것이다.

따라서 업무가 시작되기 전에 조리사 각자는 완전히 조리 작업 준비에 끝났는가를 점검할 수 있는 충분한 시간을 가져야만 할 필요가 있다.

2) Mise en Place(미장플러스)의 필요성

요리를 만들 수 있는 준비 작업이 완벽히 이루어지면 요리는 이미 절반은 완료 되었다고 볼 수 있을 만큼 준비를 하는 것은 업무를 효율적, 능률적으로 수행할 수 있는 최소 기본 요건인 것이다.

이 기초 작업은 작업이 큰 규모의 주방이나 작은 주방에도 해당되는 것으로 조리사 개개인의 능력이 한눈에 평가될 수 있는 방법이기도 하다. 특히 주방 요원 중에서 여러 부문의 조리사들이 작업을 주시하여 보면 정확한 조리작업 준비와 관련해서 그의 업무를 조직적으로 쉽게 소화해 내는 능력을 가진 조리사를 발견할 것이다.

이런 조리사들은 작업을 하기 전에 필요한 도구 및 기자재의 준비를 완벽히 하는 사람으로 업무의 효율성과 개인의 능력을 최대한 발휘하고 완벽한 요리 생

산을 위해 Mise en Place가 절대적으로 필요한 것이다. 따라서 모든 조리사들은 자가가 맡은 업무에 대한 Mise en Place의 필요성을 충분히 인식하고 철저히 준비하는 습관을 가져야 할 것이다.

3) 기초 준비작업

- 자기가 맡은 업무에 대한 미장 플러스(mise en place)가 존재
- 고객에게 제공하는 3가지 Mise en Place(미장플러스)
  - 기초식재료의 준비 : 가공하지 않는 식재료의 준비과정
  - 가공식재료의 준비 : 요리를 만들기 위한 약간 가공한 식재료의 준비과정
  - 소도구의 준비 : 주방 소도구의 준비과정

4) 부서별 Mise en Place(미장플러스)

(1) 더운 요리 주방

- 뜨거운 요리를 만드는 부서
- 업무 내용
- Event Order 확인
- 문을 개방하고 환기를 시키고 손을 깨끗이 씻는다.
- 가스 밸브, 스토브 점검
- 냉장·냉동고의 기능 상태를 체크, 청결 여부 조사
- 채소와 수프를 철저히 체크하여 재고 여부를 확인

(2) 소스요리 주방

- Hot, Cold, Butcher의 협조를 받아 음식을 고객에게 제공하는 부서
- 업무 내용
  - Event Order 확인
  - 전일 사용한 소스 정리정돈
  - 냉장고의 작동 유무 점검
  - 기본 소스와 파생 소스 준비

- 더운 전채요리를 만든다.
- Butcher에서 준비된 고기, 생선요리를 준비한다.
- 고기종류에 필요한 소스를 만든다.
- 생크림을 준비하여 소스에 사용
- 냉장고 냉동고의 청소와 정리정돈

(3) 찬 요리 주방

• 샐러드용 채소와 차가운 소스, 디저트, 전채요리를 취급하는 부서
• 업무 내용
  - Event Order 확인
  - 샐러드 채소를 소제하여 영업에 만전을 기한다.
  - 전채요리에 쓰이는 재료 점검
  - 전날 남은 디저트를 정리정돈
  - 빵·주스·버터 등을 점검
  - 디저트와 디저트 소스 등을 제과주방에서 수령
  - 과일 준비 철저
  - 커피 만들기
  - 모든 소스류나 병들은 마개나 덮개를 잘 덮어주어야 한다.
  - 벗겨진 레몬은 젖은 천으로 싸서 레몬 주스로 사용한다.

(4) 서비스맨의 조건

서비스의 목적은 고객에게 최고의 만족을 제공하기 위한 것인데, 이것은 곧 음식의 맛과 질 및 친절, 그리고 청결 유지에서 비롯되는 것이다. 이 세 가지 요소는 여러분 전체의 팀워크에 바탕을 두고 외식산업 및 개인을 발전시킬 것이다. 앞으로 우리는 프로서비스 집단이며 아마추어가 아니다. 프로에게는 실수나 응석이 통하지 않으며, 철저한 자기책임이 따를 뿐이다. 자기 책임을 다하고 상대방의 인격을 존중하며 개인의 성장과 발전을 중시하는 음식점의 전통을 개개인이 창조하고 즐겁고 보람 있는 일터를 다함께 마련해 나가야 한다.

전문가적인(professional) 프로가 되려면?

① 자신의 일에 혼을 불어넣고 생명을 거는 사람이 되어야 한다.

② 자신의 일에 자부심을 갖는 사람이 되어야 한다.

③ 앞을 내다보고 일을 하는 사람이 되어야 한다.

④ 일에 낭비가 없는 사람이 되어야 한다.

⑤ 시간보다는 목표를 중심으로 일하는 사람이 되어야 한다.

⑥ 높은 목표를 향해 나아가는 사람이 되어야 한다.

⑦ 성과에 책임을 지는 사람이 되어야 한다.

⑧ 보수가 성과에 의해 정해지는 사람이 되어야 한다.

 ## 제2절 조리용어 해설

Ajouter아주떼

더하다, 첨가하다.

Abasisser아베세

파이지를 만들 때 반죽을 방망이로 밀어주는 것

A la broche알라브로쉐

꼬챙이에 고기와 야채를 꿰어 만든 요리

A la Carte알라카르트

정식요리와는 다르게 자기가 좋아하는 요리만을 주문하는 일품 요리

A la king알라킹

닭이나 칠면조를 주사위 모양으로 썰어 버섯, 피망 등을 넣은 크림소스 요리

Andalouse앙달루즈

토마토를 1/4로 잘라 줄리안으로 썰어 놓고, 맵지 않은 피망과 약간의 마늘, 다진양파, 파슬리에 드레싱이나 소스를 넣어 양념하여 완성한 것

Antipesto안티파스토

이탈리아 용어로 '파스타 전'에 라는 말로 에피타이저라고 말할 수 있음

Appareil아빠레이

요리 시 필요한 여러 가지 재료를 밑 장만하여 혼합한 것

Arroser아로제

볶거나 구워서 색을 잘 낸 후 그것을 찌거나 익힐 때 재료가 마르지 않도록 구운
즙이나 기름을 표면에 끼얹어 주는 것

Assaisonnement아세조느망

요리에 소금, 후추를 넣는 것

Aspic아스픽

육류나 생선류 등 즙을 정제하고 젤라틴을 혼합하여 요리의 맛을 배가시키고 광택
이 나고 마르지 않게 하는 것

Assaisonner아세조네

소금, 후추, 그 외 향신료를 넣어 요리의 맛과 풍미를 더해 주는 것

Au jus오쥐

프랑스어로 고기를 천연의 육즙이 있는 채로 제공하는 것

Barde바르드

얇게 저민 돼지비계

Barder바르데

돼지비계나 기름으로 싸다. 로스트용의 고기와 생선을 얇게 저민 돼지비계로 싸서
조리 중에 마르는 것을 방지한다.

Battre바뜨르

① 때리다, 치다, 두드리다. ② 계란 흰자를 계란 거품기로 쳐서 올리다.

Beurrer뵈레

① 소스와 수프를 통에 담아 둘 때 표면이 마르지 않게 버터를 뿌린다. ② 버터라이
스를 만들 때 기름종이에 버터를 발라 덮어준다. ③ 냄비에 버터를 발라 생선과 야채
를 요리하는 방법

Blanc브랑

1ℓ의 물에 한 스푼의 밀가루를 풀고 레몬주스 및 6~8g의 소금을 넣은 액체를 말한

다. 아티초크, 우엉, 셀러리 뿌리 등의 야채 및 송아지의 발과 머리, 목살을 삶는데 사용

Blanchir 브랑쉬르
재료를 끓는 물에 넣어 살짝 익힌 후 건져놓거나 찬물에 식히는 것. ① 야채의 쓴 맛, 떫은맛을 빼거나 장기간 보존하기 위해서 살짝 데친다. ② 흰 부용을 얻기 위해 1차로 고기나 뼈를 끓는 물에 데친다. ③ 베이컨의 소금기를 빼기 위해 잘게 썰어 데친다.

Braiser 브레제
야채, 고기, 햄을 용기에 담아 혼도뷰, 부용, 미르포아, 로리에를 넣고 천천히 오래 익히는 것

Braising 브레이징
서양요리에서 건식열과 습식열 두 가지 방식을 이용한 찜과 같은 방법

Blini 블리니
메밀가루 반죽을 효모로 부풀려서 팬에서 구운 팬케익의 일종으로 캐비어와 먹는다.

Bouquet-Garni 부케가르니
셀러리 줄기 안에 다임, 월계수잎, 파슬리 줄기를 넣고 실로 묶는 것

Bouillabaisse 브이야베스
Provence의 전통음식으로 생선, 조개, 양파, 토마토, 마늘, 허브 등으로 해산물 수프의 일종

Bouillon 부용
물에 생선, 고기, 가금류와 야채를 넣어 끓여서 만든 용액

Brider 브리데
닭, 칠면조, 오리 등 가금이나 야조의 몸, 다리, 날개 등의 원형을 유지하기 위해 실 과 바늘로 꿰매다.

Canape 가나페
작은 빵이나 크레커 위에 음식을 단순하고 정교하게 준비하는 것

Canneler 까느레
장식을 위해 레몬, 오렌지 등과 같은 과일이나 야채의 표면에 칼집을 내는 것

Carpaccio카르파치오

신선한 날 소고기나 생선을 얇게 썬 것

Chiqueter시끄떼

파이 생지나 과자를 만들 때 작은 칼끝을 사용해서 가볍게 칼집을 낸다.

Ciseler시즈레

(생선 따위에) 불이 고루 들어가 골고루 익혀지도록 칼금을 넣다.

Citronner시뜨로네

조리 중 재료가 변색되는 것을 방지하기 위해 레몬즙을 타거나 문지른다.

Clarifier끄라리훼

맑게 하는 것. ① 콘소메, 제리 등을 만들 때 기름기 없는 고기와 야채와 계란 흰자를 사용하여 투명하게 한 것, ② 버터를 약한 불에 끓여 녹인 후 거품과 찌꺼기를 걷어 내어 맑게 한 것, ③ 계란 흰자와 노른자를 깨끗하게 분류한 것

Clouter끄루떼

① 향기를 내거나 장식하기 위해 고기, 생선, 야채에 못 모양으로 자른 재료(도리후 따위)를 찔러 넣다. ② 옥파에 크로브를 찔러 넣다(베샤멜 소스).

Coller꼬레

① 제리를 넣어 재료를 응고시키다. ② 찬 요리의 표면에(도리후, 피망, 제리, 올리브 등) 잘게 모양낸 장식용 재료를 녹은 제리로 붙인다.

Consomme A la Royale콘소메 로얄

달걀을 지단처럼 얇게 쪄서 마름모꼴로 썰어 띄운 것

Compote꼼포트

신선한 과일이나 말린 과일을 설탕시럽에서 조리한 요리

Coucher꾸쉐

① (감자퓨레, 시금치퓨레, 당근퓨레, 슈, 버터 등을) 주둥이가 달린 여러 가지 모양의 주머니에 넣어서 짜내는 것, ② 용기의 밑바닥에 재료를 깔아 놓는 것

Crush크러쉬

식품을 부스러트리거나 가루와 같은 형태로 으깨는 것, 통후추 으깬 것

Crust크러스트

빵과 함께 조리된 음식의 외부가 딱딱해지는 것

Cuire뀌이르

재료에 불을 통하게 하다, 삶다, 굽다, 졸이다, 찌다 등

Debrider데브리데

(닭, 칠면조, 오리 등) 가금이나 야조를 꿰맸던 실을 조리 후에 풀어내는 것

Decanter데깡테

(삶아 익힌 고기 등을) 마지막 마무리를 위해 건져 놓다.

Deglacer데그라세

야채, 가금, 야조, 고기를 볶거나 구운 후에 바닥에 눌어붙어 있는 것을 포도주나 꼬냑 등 국물을 넣어 끓여 녹이는 것, 주스나 소스가 얻어진다.

Degorger데고르제

① 생선, 고기, 가금의 피나 오물을 제거하기 위해 흐르는 물에 담그는 것, ② 오이나 양배추 등 야채에 소금을 뿌려 수분을 제거하는 것

Degraisser데그레세

지방을 제거하다. ① 소스, 콘소메를 만들 때 기름을 걷어내는 것, ② 고기 덩어리에 남아있는 기름을 조리 전에 제거하는 것

Delayer데레이예

(진한 소스에) 물, 우유, 와인 등 액체를 넣어 묽게 하다.

Depouller데뿌이예

① 장시간 천천히 끓일 때 소스의 표면에 떠오르는 거품을 완전히 걷어내는 것, ② 토끼나 야수의 껍질을 벗기는 것

Dorer도레

① 빠테 위에 잘 저은 계란 노른자를 솔로 발라서 구울 때에 색이 잘 나도록 하는 것, ② 금색이 나게 하다.

Dresser드레세

접시에 요리를 담는다.

Desosser데조세

(소, 닭, 돼지, 야조 등의) 뼈를 발라내다. 뼈를 제거해 조리하기 쉽게 만든 간단한 상태를 말함

Dessecher데세쉐

건조시키다. 말리다. 냄비를 센 불에 달궈 재료에 남아있는 수분을 증발시키는 것

Dumpling덤블링

작고 큰 반죽들을 수프나 스튜의 액체 혼합물 속에 떨어뜨려 익을 때까지 조리하는 것

Duxelles뒥셀

곱게 다진 송이버섯과 샬롯의 혼합물로 버섯을 작게 썬 것

Ebarber에바르베

① 가위나 칼로 생선의 지느러미를 잘라서 떼는 것, ② 조리 후 생선의 잔가시를 제거하고, 조개 껍질이나 잡물을 제거하는 것

Ecailler에까아예

생선의 비늘을 벗기는 것

Ecaler에까레

삶은 계란의 껍질을 벗기다.

Ecumer에뀌메

거품을 걷어내다.

Effiler에휘레

종이 모양으로 얇게 썰다. (아몬드, 피스타치오 등을) 작은 칼로 얇게 썰다.

Egoutter에구떼

물기를 제거하다. 물로 씻은 야채나 스랑쉬루했던 재료의 물기를 제거하기 위해 짜거나 걸러주는 것

Emonder에몽데

토마토, 복숭아, 아몬드, 호두의 얇은 껍질을 벗길 때 끓는물에 몇 초만 담갔다가 건져 껍질을 벗기는 것

Enrober(앙로베)

싸다. 옷을 입히다. ① 재료를 파이지로 싸다. 옷을 입히다. ② 초콜릿, 젤라틴 등을 입히다.

Eponger에뽕제

물기를 닦다. 흡수하다. 씻거나 뜨거운 물로 데친 재료를 마른행주로 닦아 수분을

제거

Etuver 에뛰베

천천히 오래 찌거나 굽는 것을 말한다.

Evider 에비데

파내다. 도려내다. 과일이나 야채의 속을 파내다.

Expreimer 엑스쁘리메

짜내다. 레몬, 오렌지의 즙을 짜다. 토마토의 씨를 제거하기 위해 짜다.

Farcir 화르시르

속에 채울 재료를 만들다. 고기, 생선, 야채의 속에 채울 재료에 퓨레 등의 준비된 재료를 넣어 채우다.

Ficeler 휘스레

끈으로 묶다. 로스트나 익힐 재료가 조리 중에 모양이 흐트러지지 않도록 실로 묶는 것

Flamber 후랑베

태우다. ① 가금(닭종류)이나 야금의 남아 있는 털을 제거하기 위해 불꽃으로 태우는 것이다. ② 바나나와 그레프 슈제뜨 등을 만들 때 꼬냑과 리큐를 넣어 불을 붙인다. 베키드 알라스카 위에 꼬냑으로 불을 붙인다. ③ 아메리칸 소스나 육류의 소스를 만들 때 잡냄새 제거를 위해 꼬냑을 붓고 불을 붙인다.

Foncer 퐁세

① 냄비의 바닥에 야채를 깔다. ② 여러 가지 형태의 용기 바닥이나 벽면에 파이의 생지를 깔다.

Fondre 퐁드르

녹이다. 용해하다. 야채를 기름과 재료의 수분으로 색깔이 나지 않도록 약한 불에 천천히 볶는 것을 말한다.

Fouetter 깨떼

치다. 때리다. 계란 흰자, 생크림을 거품기로 강하게 치다.

Frapper 후라뻬

술이나 생크림을 얼음물에 담가 빨리 차게 한다.

Fremir후레미르

액체가 끓기 직전 표면에 재료가 떠오르는 때의 온도로 조용하게 끓인다.

Frotter후로떼

문지르다. 비비다. 마늘을 용기에 문질러 마늘향이 나게 하다.

Garde Manger가드망저

육류나 생선류 등을 준비하는 곳으로 찬 음식을 만드는 주방

Glacer그라세

광택이 나게 하다. 설탕을 입히다. ① 요리에 소스를 쳐서 뜨거운 오븐이나 사라만다에 넣어 표면을 구운 색깔로 만든다. ② 당근이나 작은 옥파에 버터, 설탕을 넣어 수분이 없어지도록 익히면 광택이 난다. ③ 찬 요리에 제리를 입혀 광택이 나게 한다. ④ 과자의 표면에 설탕을 입히다.

Gratiner그라띠네

구라땅하다. 소스나 체로 친 치즈를 뿌린 후 오븐이나 사라만다에 구워 표면을 완전히 막으로 덮이게 하는 요리법

Griller그리예

석쇠에 굽다. ① 재료를 그릴에 놓아 불로 직접 굽는 방법, ② 철판이나 프라이팬에 슬라이스 아몬드 등을 담은 후 오븐에서 색깔이 나도록 굽는 것

Habiller아비에

조리 전에 생선의 지느러미, 비늘, 내장을 꺼내고 씻어놓는 것

Hacher하쉐

파세리, 야채, 고기 등을 칼이나 기계를 사용하여 잘게 다지는 것

Incorporer앵코르뽀레

합체(합병)하다. 합치다. 밀가루에 계란을 혼합하다 등등

Larder라르데

지방분이 적거나 없는 고기에 바늘이나 꼬챙이를 사용해서 가늘고 길게 썬 돼지비계를 찔러 넣는 것

Lever러베

일으키다. 발효시키다. ① 혀넙치 살을 뜰 때 위쪽을 조금 들어 올려서 뜨다. ② 파이지나 생지가 발효되어 부풀어 오른 것을 말한다.

Liaison 리에종

소스나 수프를 진하게 하는 것

Lier 리에

묶다. 연결하다. 소스나 끓는 즙에 밀가루, 전분, 계란, 노른자, 동물의 피 등을 넣어 농도를 맞추는 것을 말한다.

Limoner 리모네

더러운 것을 씻어 흘려보내다. ① (생선머리, 뼈 등에 피를) 제거하기 위해 물에 담그는 것, ② 민물생선이나 장어 등의 표면의 미끈미끈한 액체를 제거하다.

Lustrer 뤼스프레

광택을 내다. 윤을 내다. 조리가 다 된 상태의 재료에 맑은 버터를 발라 표면에 윤을 내다.

Manier 마니에

가공하다. 사용하다. 버터와 밀가루가 완전히 섞이게 손으로 이기다(수프나 소스의 농도를 맞추기 위한 재료).

Mariner 마리네

담가서 절이다. 고기, 생선, 야채를 조미료와 향신료를 넣은 액체에 담가 고기를 연하게 만들기도 하고, 또 냄새나 맛이 스미게 하는 것

Masquer 마스퀘

가면을 씌우다. 숨기다. 소스 등으로 음식을 덮는 것. 불에 굽기 전에 요리에 필요한 재료를 냄비에 넣는 것

Mijoter 미조떼

약한 불로 천천히, 조용히, 오래 끓인다.

Mise en Place 미장플러스

프랑스어로 요리에 필요한 모든 음식을 요리 바로 직전에 사용할 수 있도록 준비하는 것

Monder 몽데

아몬드, 토마토, 복숭아 등의 얇은 껍질을 끓는 물에 수초간 넣었다가 식혀 껍질을 벗기는 것

Mortifier 모르띠피에

고기를 연하게 하다. 고기 등을 연하게 하기 위해 시원한 곳에 수일간 그대로 두는 것

Mouiller 무이에

적시다. 축이다. 액체를 가하다. (조리중에) 물, 우유, 즙, 와인 등의 액체를 가하는 것

Mouler 무레

틀에 넣다. 각종 준비된 재료들(화르시 등)을 틀에 넣고 준비하다.

Napper 나뻬

① 소스를 앙뜨레의 표면에 씌우다. ② 위에 끼얹어 주는 것을 말한다.

Paner 빠네

옷을 입히다. 튀기거나 소태하기 전에 빵가루를 입히다.

Paner 'a L'anglaise 빠네아랑그레즈

(고기나 생선 등에) 밀가루 칠을 한 후 소금, 후추를 넣은 계란 물을 입히고 빵가루를 칠하는 것

Parsemer 빠르서메

재료의 표면에 체에 거른 치즈와 빵가루를 뿌린다.

Passer 빠세

걸러지다. 여과되다. 고기, 생선, 야채, 치즈, 소스, 수프 등을 체나 기계류, 시누와, 소창을 사용하여 거르는 것

Peler 뻘레

껍질을 벗기다. 생선, 뱀장어, 야채, 과일의 껍질을 벗기다.

Pesto 페스토

신선한 바질, 마늘, 잣, 파마산치즈 등을 혼합하여 갈아서 만든 소스

Petit Four 쁘띠 뿌아

작고 고급스런 과자로 한 입 크기 정도의 케이크

Petrir 뻬뜨리르

반죽하다. 이기다. 밀가루에 물이나 액체를 넣어 알맞게 반죽하다.

Piler 삘레

찧다, 갈다, 부수다, 방망이로 재료를 가늘고 잘게 부수다.

Pincer 뺑세

세게 동여매다, 요점을 뽑아내다. ① 새우, 게 등 갑각류의 껍질을 빨간 색으로 만들

기 위해 볶다. ② 고기를 강한 불로 볶아서 표면을 단단히 동여매다. ③ 파이 껍질의 가장자리를 파이용 핀셋으로 찍어서 조그만 장식을 하는 것

Piquer삐꿰

찌르다, 찍다. ① 기름이 없는 고기에 가늘게 자른 돼지비계를 찔러 넣다. ② 파이생지를 굽기 전에 포크로 표면에 구멍을 내어 부풀어 오르는 것을 방지하는 것

Poaching포칭

달걀이나 단백질 식품 등을 비등점 이하의 온도에서 재료에 전달되는 전도 형식의 습식열 조리방법

Pocher뽀쉐

뜨거운 물로 삶다. ① 끓기 직전의 액체에 삶아 익히는 것, ② 육즙이나 생선즙, 포도주로 천천히 끓여 익힌다.

Poeler뽀왈레

냄비에 재료를 넣고 뚜껑을 덮은 다음 오븐 속에서 조리하는 방법

Presser쁘레세

누르다, 짜다, (오렌지, 레몬 등의) 과즙을 짜다.

Rafraichir라후레쉬르

냉각시키다. 흐르는 물에 빨리 식히다.

Raidir래디르

(모양을 그대로 유지시키기 위해) 고기나 재료에 끓고 타는 듯한 기름을 빨리 부어 고기를 뻣뻣하게 하다. 표면을 단단하게 하다.

Reduire레뒤이르

축소하다. (소스나 즙을 농축시키기 위해) 끓여서 졸이다.

Relever러르배

높이다, 올리다. 향을 진하게 해서 맛을 강하게 하는 것

Revenir러브니르

(찌고 익히기 전에) 강하고 뜨거운 기름으로 재료를 볶아 표면을 색깔이 나게 하다.

Rissoler리소레

센불로 색깔을 내다. 뜨거운 열이 나는 기름으로 재료를 색깔이 나게 볶고 표면을

두껍게 만든다.

Rotir로띠르

로스트하다. 재료를 둥글게 해서 크고 고정된 오븐에 그대로 굽다. 혹은 꼬챙이에 꿰어서 불에 쬐어 가며 굽다.

Saisir세지르

강한 불에 볶다. 재료의 표면을 단단하게 구워 색깔을 내다.

Saler사레

소금을 넣다, 소금을 뿌리다.

Salsa살사

멕시코 말로 소스를 뜻하며 재료들을 혼합한 것

Saupoudrer소뿌드레

뿌리다, 치다. ① 빵가루, 체로 거른 치즈, 슈가파우더 등을 요리나 과자에 뿌리다. ② 요리의 농도를 위해 밀가루를 뿌리다.

Sauerkraut사우어크라우트

독일 말로 시큼한 시금치란 뜻으로 오늘날 양배추와 사과 소금 또는 양념을 섞어 발효시켜 샌드위치나 고기요리와 곁들인다.

Sauter소떼

볶다, 색깔을 내기 위해 굽다. ① 달아오른 냄비에 기름을 넣고 야채를 잘 저어가며 볶는다. ② 붉은 색의 쇠고기를 잘라, 양쪽을 구워 색깔이 나게 한다. ③ 흰고기(닭, 산토끼 등)를 볶거나 구운 뒤에 소량의 액체에 가볍게 익히거나 완전히 익히는 것을 말한다.

Simmering씨머링

낮은 불에서 대류현상을 유지하지만 조리하는 재료가 흐트러지지 않도록 조심스럽게 끓이는 것, 은근히 끓이기로 스톡이나 콘소메 수프를 만들 때 주로 사용

Singer생제

오래 끓이는 요리의 도중에 농도를 맞추기 위해 밀가루를 뿌려 주는 것

Sucrer쉬끄레

설탕을 뿌리다. 설탕을 넣다.

Suer 쉬에

즙이 나오게 한다. 재료의 즙이 나오도록 냄비에 뚜껑을 덮고 약한 불에서 색깔이 나지 않게 볶는 것

Tailler 따이예

(재료를) 모양이 일정하게 자르다.

Tamiser 따미제

체로 치다, 여과하다, 체를 사용하여 가루를 치다.

Tamponner 땀뽀네

마개를 막다. 버터의 작은 조각을 놓다. 소스의 표면에 막이 넓게 생기지 않도록 버터 조각을 놓아주는 것을 말함

Tapisser 따삐세

넓히다, 돼지비계나 파이지를 넓히는 것

Tomber 똥베

① 떨어지다, 볶는다. ② 연해지게 볶는다.

Tonber 'a beurre 똥베 아뵈르

(수분을 넣고) 재료를 연하게 하기 위해 약한 불에서 버터로 볶는다.

Tourner 뚜르네

둥글게 자르다, 돌리다. ① 장식을 가기 위해 양송이를 둥글게 돌려 모양내다. ② 계란 거품기, 주걱으로 돌려서 재료를 혼합하다.

Tremper 트랑뻬

담그다, 잠그다, 적시다. (건조된 콩을) 물에 불리다.

Trousser 트루세

고정시키다, 모양을 다듬다. ① 요리 중에 모양이 부스러지지 않도록 가금의 몸에 칼집을 넣어 주고 다리나 날개 끝을 가위로 잘라 준 후 실로 묶어 고정시키는 것, ② 새우나 가재를 장식으로 사용하기 전에 꼬리에 가까운 부분을 가위로 잘라 모양을 낸다.

Tuile 튈레

프랑스어로 tulip을 가르키는 쿠키반죽이 뜨거울 때 꽃봉우리 모양으로 빚은 쿠키

Vanner

휘젓다. 소스가 식는 동안 표면에 막이 생기지 않도록 하며, 또 남아있는 냄새를 제
거하고 소스에 광택이 나도록 천천히 계속 저어 주는 것

Vider바데

닭이나 생선의 내장을 제거하는 것

Wellington웰링톤

고기와 거위간, 버섯 등을 넣고 Pastry 반죽으로 싸서 구운 것

Zester제스떼

오렌지나 레몬의 껍질을 사용하기 위해 껍질을 벗기는 기구

상식코너
산나물로 한식의 세계화에 한발 더 다가가면 어떨까?

한식의 세계화를 외치는 현재 한국의 요리사라면 외국에서 수입한 식재료보다 우리나라에서 나오는 식재료를 더욱 중요하게 생각하고 어떻게 하면 발전시킬 수 있고 접목시킬 수 있는지 생각하고 공부해야 한다고 생각한다. 특히 FTA로 인해 외국식재료가 들어오는 이런 시기라면 더욱더 절실하다.

호텔이나 레스토랑에서 일한다고 해도 우리나라에서 나오는 식재료를 이용해서 새로운 메뉴와 맛난 음식을 만들려고 하는 시도가 필요하다고 생각된다.

우리 민족은 전 세계적으로는 물론 가까운 중국, 일본과 비교해보더라도 많은 종류의 산나물을 다양한 조리법으로 먹어 온 민족이다.

봄이 되면 산에 올라 산나물을 뜯어 쌈으로, 무침으로 식탁을 향긋하게 하고, 가을이 되면 저장해 둔 묵나물과 장아찌로 부족한 영양분을 채워 식탁을 건강하게 했다.

이처럼 산나물은 배고픈 우리 민족을 일 년 내내 달래주던 소중한 식용자원이었다.

사람들이 산나물을 여전히 찾는 이유는 무엇일까? 배고픈 시절의 추억 때문일까?

산나물은 그야말로 산의 기운을 흠뻑 머금고 자란 야생식물이다.

최근 건강에 대한 관심이 증폭되면서 사람들은 산나물을 단순히 배고픈 시절의 추억으로서가 아니라 건강한 식생활을 영위하기 위한 수단으로 바라보고 있다.

봄이 되면 들과 산으로 나물을 캐러 다니는 사람을 많이 보고 사찰음식과 시절음식이 요즘 많은 사랑을 받고 있는 것을 보면 조금은 이해가 될 것이다.

시대가 변하고, 사람들이 변해도 산나물은 여전히 우리 곁에 자리 잡고 있다.

이처럼 오랜 역사를 가지고 있는 산나물로 한식의 세계화에 한 발 더 다가가면 어떨까?
잠시 생각에 잠겨보자.

References

Basic Western Cuisine, 염진철 외, 기초서양조리, 백산출판사, 2010.

강성일, 주방실무론 효일출판사, 2005.

권용주・신정하・이윤영・유양호, 「호텔외식산업식음료경영・관리론」, 백산출판사, 2005.

김기숙・김향숙・오명숙・황인경, 조리과학 수학사, 2005.

김기영, 호텔주방관리론, 백산출판사, 1997.

김미향・임효원, 서양조리학, 백산출판사, 1999.

김업식・이현주・성태종, 주방시설관리론, 도서출판 효일, 2004.

김완수・신말식・이경애・김미정, 조리과학 및 원리, 라이프사이언스, 2004.

김용기・김종규・김학제, 호텔・레스토랑식음료실무론, 백산출판사, 2003.

김원규, 관광호텔 조리직 종사원의 교육훈련에 관한 연구, 경희대 경영대학원, 1995.

김종성・박상배, 조리실무관리, 형설출판사, 1996.

나영선・오찬・김미향, 서양조리실무개론, 백산출판사, 1997.

박병렬, 호텔실무관리론, 문지사, 1997.

박병렬・김대경, 호텔식당경영관리론, 기전연구사, 1994.

박병학, 기초일본요리, 형설출판사, 1994.

박정준・안형기・차명화・임미경, 기초서양조리, 기문사, 2006.

오석태・염진철, 서양조리학 개론, 신광출판사, 1999.

원융희, 호텔실무론, 백산출판사, 2002.

유철형, 호텔식음료경영과실무, 백산출판사, 1994.

이종오・조한용・권오천, 조리원리와 실제, 기문사, 2004.

이혜수・조영, 조리원리, 한국방송대학출판부, 1998.

정청송, 서양조리 기술론, 기전연구사, 1993.

조리교재발간위원회 조리체계론, 한국외식정보, 2002.

조문수, 외식사업경영론, 기문사, 1998.

최수근, 기초주방실무론, 대왕사, 2005.

최태호, 서양조리입문, 대왕사, 2004.

황혜성·한복려·한복진, 한국의 전통음식, 교문사, 1994.

쉐라톤 워커힐호텔 가드망져 카페

필립스전자 http://www.philips.co.kr/ 핸드블랜더 사진

http://www.coffeemoa.co.kr/goodsDtl.htm?psGoods_no=22 커피머신 사진

www.intrise.co.kr/php/board.php?board 진공포장기 사진

www.당도측정기.kr/

www.dxmall.co.kr/shop/shopdetail.html?branduid 손소독기

http://kr.image.search.yahoo.com/images/view?back 안심 사진

http://imagesearch.naver.com/search.naver?where 정향 사진

http://search.naver.com/search.naver 카레 사진

www.blog.naver.com/daki1010 생강 사진

www.blog.naver.com/jincjinc/100016867775 넛맥 사진

www.encyber.com 후추 사진

www.blog.naver.com/pkikl/54014334 세이보리 사진

www.blog.naver.com/lastlove8709/70075238777 오레가노 사진

www.cafe.naver.com/salt100/ 칼갈기 사진

http://cafe.naver.com/fireno1 소화기 공유사이트

http://blog.naver.com/tlsgktjq?Redirect 캐비어 사진

www.koukukmilk.co.kr/htmlinfo 등심 사진

www.blog.empas.com/love1237 등심 사진(2)

www.fujeekorea.co.kr 육절기 사진

www.nfaro.com/shop 이동작업대 사진

저자약력

윤수선

· 현) 안산대학교 식품영양학부 호텔조리과 교수
· 대한민국 조리기능장
· Seoul Plaza Hotel 조리팀 근무
· Novotel Ambassador Seoul 조리팀 근무
· New Korea Hotel 조리팀 근무
· 프랑스 Le Coredon Blue 요리학교 연수
· 이탈리아 I.C.I.F 요리학교 연수
· 서울 국제요리경연대회 단체부 대상
· 한화그룹 프라자호텔 조리품평회 금상
· 서울 세계음식박람회 호텔 단체전 금상
· 서울 세계관광음식박람회 보건복지가족부 장관상
· 경기도 기능경기대회 금상
· 한국산업인력공단 기능사, 산업기사, 기능장 실기시험 심사위원
· 한국산업인력공단 이사장 감사패
· 대한민국 요리경연대회 심사위원
· 경기도 기능경기대회 심사위원

채현석

· 현) 한국관광대학교 호텔조리과 교수
· 대한민국 조리기능장
· 동원대학교 호텔관광학부 호텔조리전공 교수
· 송호대학교 호텔외식조리과 교수 / 학과장
· 대경대학교 호텔조리학부 교수
· 김포대학 호텔조리과 겸임교수
· 호텔리츠칼튼서울 조리장 근무
· Hotel Riviera 근무
· 2000 서울 국제요리경연대회 단체부 대상
· 2002 서울 국제요리경연대회 금상
· 한국산업인력공단 심사위원
· 대한민국 요리경연대회 심사위원

김정수

· 현) 대덕대학교 호텔외식과 교수
· 대한민국 조리기능장
· 호텔리츠칼튼서울 Garden Kit (이탈리안 레스토랑) 근무
· 세종대학교 일반대학원 조리외식경영학과 박사학위 취득
· 세종대학교 일반대학원 조리외식경영학과 석사학위 취득
· 한국산업인력공단 심사위원
· 한림성심대학 호텔외식경영학과 겸임교수
· 세종대학교 조리외식경영학과 외래교수
· 2006 서울 국제요리경연대회 금상 수상
· 2006 호주축산공사 블랙박스 세계요리대회 동상 수상 외 각종 국내·국제요리경연대회 다수 수상

김창열

- 현) 경민대학교 호텔외식조리과 교수
- 대한민국 조리기능장
- 웨스틴 조선호텔 조리팀 주방장 역임
- 문경대학교 호텔조리과 학과장
- 세종대학교 일반대학원 조리외식경영학과 석사 / 박사
- 청와대 · G20 정상회의 연회 진행
- 기능경기대회 심사위원
- 대한민국국제요리경연대회 최고 심사위원상 수상
- 2011 WA OCEANAFEST 호주국제요리대회 은상 / 동상
- 2005 2004 2003 2001 서울국제요리 대회 금상 및 노동부 장관상
- 2001 호주 블랙박스 요리대회 1위
- 서울 88올림픽 선수촌 급식사업단 지원
- EBS 박수홍의 '최고의 요리비결' 및 KBS, MBC 다수 방송출연

이윤호

- 현) 충청대학교 식품영양외식학부 교수
- 경북전문대학 관광학부 겸임교수
- 경기대학교 관광학부 외래교수
- 장안대학 호텔조리과 겸임교수
- 경기대학교 일반대학원 관광학 석사 / 박사
- 대한민국 조리기능장
- 푸드코디네이터 2급
- 양식조리기능사 / 중식조리기능사 / 복어조리기능사
- 호텔 해밀톤, 호텔 다이네스트, 호텔 맨하탄, 63시티(조리장)
- 'VJ특공대', KBS '셀러던트', SBS '있다 없다' 출연
- CJB '오늘은 뭘 먹지' 메인코너 진행
- KBS '3도 3색기행' 리포터 활동

주방관리

2010년 10월 30일 초   판 1쇄 발행
2021년   3월 15일 개정2판 4쇄 발행

지은이 윤수선 · 채현석 · 김정수 · 김창열 · 이윤호
펴낸이 진욱상
펴낸곳 백산출판사
교   정 편집부
본문디자인 편집부
표지디자인 오정은

등   록 1974년 1월 9일 제406-1974-000001호
주   소 경기도 파주시 회동길 370(백산빌딩 3층)
전   화 02-914-1621(代)
팩   스 031-955-9911
이메일 edit@ibaeksan.kr
홈페이지 www.ibaeksan.kr

ISBN 979-11-5763-091-2 93590
값 27,000원

• 파본은 구입하신 서점에서 교환해 드립니다.
• 저작권법에 의해 보호를 받는 저작물이므로 무단전재와 복제를 금합니다.
  이를 위반시 5년 이하의 징역 또는 5천만원 이하의 벌금에 처하거나 이를 병과할 수 있습니다.

KB090444